原来如此

因果心理案例分析

冯映云　主编

SPM 南方传媒　广东人民出版社

·广州·

图书在版编目（CIP）数据

原来如此：因果心理案例分析/冯映云主编. —广州：广东人民出版社，2024.1

ISBN 978 - 7 - 218 - 17005 - 3

Ⅰ. ①原…　Ⅱ. ①冯…　Ⅲ. ①心理学—通俗读物　Ⅳ. ①B84 - 49

中国国家版本馆 CIP 数据核字（2023）第 193261 号

YUANLAI RUCI——YINGUO XINLI ANLI FENXI

原来如此——因果心理案例分析

冯映云　主编

出 版 人：肖风华

策划编辑：赵世平
责任编辑：赵瑞艳
责任技编：吴彦斌

出版发行：广东人民出版社
地　　址：广州市越秀区大沙头四马路 10 号（邮政编码：510199）
电　　话：(020) 85716809（总编室）
传　　真：(020) 83289585
网　　址：http://www.gdpph.com
印　　刷：广州市豪威彩色印务有限公司
开　　本：787mm×1092mm　1/16
印　　张：17.75　字　数：210 千
版　　次：2024 年 1 月第 1 版
印　　次：2024 年 1 月第 1 次印刷
定　　价：68.00 元

如发现印装质量问题，影响阅读，请与出版社（020 - 87712513）联系调换。
售书热线：(020) 87716172

编委会名单

张新雨　　赵婷婷

吕晓梅　　吕　美

序（一）

新异心理的冯映云老师主编的新书《原来如此——因果心理案例分析》，即将发行。本书由四个论据展开：原生家庭——始于血脉的承传；亲密关系——和爱人的恩怨与纠缠；社会关系——在世间的飘摇跌宕；自我探寻——对镜自视的感怀与释然。我觉得，将家庭关系与夫妻关系用因果心理方法进行剖析，可以看出作者研究思维的前沿性。他们在日常培训工作中接触了大量的案例，这些经验让本书更富有高度、宽度与热度。

我们应该感悟到：随着对心理现象认识的深化以及关于因果性本身的形而上学问题研究的深入，心理因果性不断为越来越多的问题所缠绕，以至在心理学与哲学中出现了专门针对"心理因果性难题"的研究领域。心理学界对心理因果性问题的几十年研究积淀了丰硕的成果，如果能够对此批判地加以研究和借鉴，对于我们丰富和发展因果心理案例的意识

反作用理论无疑有积极的意义。

要推进对意识反作用和心理因果性原因地位的认识，首先要加强关于反作用、原因、因果关系本身的形而上学研究，其次要认识到，尽管不是所有的心理样式都有因果有效性，都能作为原因发挥反作用，但至少有一部分心理样式是有作为原因的资格的。由于心理样式具有多样性的特点，因此它们发挥反作用的方式，以及因果相关性的程度发挥反作用的方式，以及因果相关性的程度是不一样的，需要具体而专门的研究。而《原来如此——因果心理案例分析》新书的出版，就是对意识发挥反作用的方式以及因果相关性的程度相关研究的一种尝试与补充。

因果心理案例分析重点在构建良好的夫妻关系、亲子关系的家庭教育。目的是探讨夫妻心理、亲子心理与家庭环境因果关系。在具体的实践的案例分析中，我们不难发现，家庭情况、父母关系、夫妻关系在周围环境的影响下，极易出现纠缠障碍，形成心理失衡。尤其是近年来青少年心理问题日益严重，青少年是祖国的未来和希望，需要全社会的关心和帮助。我们应该通过家庭教育的方式，在父母的影响下帮他们树立正确的世界观、人生观和价值观，增强法律意识和道德观念，对已出现焦虑、抑郁症状的青少年，家长应该积极寻求心理咨询师的帮助，使他们减轻学习与心理压力，重新融入社会，成为有用之才。

家庭是构成社会的基本单位，是夫妻共同经营的港湾，也是儿童和少年身心健康成长的重要环境。本书通过"童年的阴影""断过的弦""叛逆中年""被错种的花"，论证了"原生家庭——始于血脉的承传"。

根据"复制人生""爱河下的暗涌""在逃的贵妇"，阐述了"亲密关系——和爱人的恩怨与纠缠"；应用"开到荼蘼的爱恋""对成功的执念""当局者""局外人"印证了"社会关系——在世间的飘摇跌宕"。最后在"心病还须心药医""焦虑的牢笼""自知者明"中诠释了"自我探寻——对镜自视的感怀与释然"。

这是一本理论与实践相结合的创新之作，也是一本有趣的故事书。这本书非常系统地把心理咨询中遇到的各个环节都用因果串联了起来。该书的信息量很大，读者会以此为索引去探究因果心理的秘密，去欣赏书中每一个典型的案例，去探索书中留下的精彩印记，从而给我们的家庭生活带来无穷的乐趣与思考。

本书以因果心理理论为指导，从家庭经历的困惑与冲突、反思与追求、成熟与超越三个方面分析家庭教育和思想变化，通过使人不断地认识自我，调整自身与他人的关系，最终治愈创伤、获得新的自我认知的过程，进一步阐释童年心理创伤对成人后的心理影响的问题。

总之，因果心理的形成，原因是复杂的，既不是单一因素独立发挥作用，也不是所有因素具备齐全后的必然，而是多种因素不同组合、相互作用的结果。因此在"自我探寻——对镜自视的感怀与释然"层面的干预应着眼于综合措施。

家是最小国，国是千万家。2022 年 1 月 1 日，《中华人民共和国家庭教育促进法》正式实施，意味着家庭教育从"家事"上升为"国事"。而本书的出版，更是对家庭教育的内容及实施作了最好的诠释，也为社会组织开展公益性质的教育服务活动提供了遵循。希望通过家庭教育项

目的实施，助力提高家长、家庭教育指导能力，建设和谐的家庭关系，同时推动家校社协同育人，促进家庭教育健康成长。

广东社会学学会副会长

广东社会学学会潜能开发研究专业委员会主任

广州中山大学政治与公共事务管理学院副教授

谭昆智

2023 年 11 月 30 日

序（二）

《中庸》有云："喜怒哀乐之未发，谓之中；发而皆中节，谓之和。中也者，天下之大本也；和也者，天下之达道也。致中和，天地位焉，万物育焉。"

其大意是：喜怒哀乐的情绪还没有发生的时候，心是平静无所偏倚的，称之为"中"；如果情绪表达和生发都能合乎节度，没有过与不及，则称之为"和"。"中"是天下万事万物的根本，"和"是天下共行的大道。如果能够把"中和"的道理推而及之，达到圆满的境界，那么天地万物，都能各安其所、各遂其生了。

也就是说，人的身心达至"中和"的平衡状态，内心世界就是圆满的。

然而，人类的内心世界是一个复杂而神秘的领域。每个人都有着属于自己的故事，这些故事给当事人带来了丰富的情感和体验，甚至还在人心里埋下许多难解的谜，正如水面下那 90% 的冰山，平静时看不见也想不起来。但这些故事可能奠定了当事人人生的底色，所以他们才会产生莫名其妙的悲伤、愤怒等不良情绪，导致心情的波动和心理失衡。

而本书运用的"潜意识情景对话"心理咨询技术，则是照破迷雾的一盏灯，帮助来访者打开层层尘封已久的记忆，从深层潜意识中探索问题的根本成因，通过面对、经历、转变、扬升这"觉知四部曲"，让来访者由外而内地梳理心理问题，实现个人心灵成长，认识自己的内心世界，理解自己的情感和行为，以及寻找解决问题的途径。

尤其是在释放情绪和解开纠结的关系之后，就会发现生命本来可爱的样子，也许你会惊叹一声：噢！原来如此！从而放下爱恨情仇，当再次面对类似事件时，自然就会一笑而过。

而在心理咨询的过程中，案例分析是一种重要的解读方法，我将通过具体的案例来展示不同问题的成因和解决方式，也将呈现我的咨询技术，分析来访者每个阶段的心理特征，并引导其自己去找寻答案，带领读者深入了解心理咨询的过程和原理，以及探索人类内心世界的奥秘，为人们提供借鉴和启发。

本书共分为四个部分：原生家庭、亲密关系、社会关系和自我探寻。每个部分都围绕着一个核心主题展开，通过大量同类案例串编而成，每个案例都非常有代表性，为了保护当事人的隐私，我们对其信息进行了脱敏处理，但保留了核心的情境和问题，以保证案例分析的完整性、可读性。

深层潜意识情景对话与一般的面谈咨询使用的技术不同，所以效果也大不相同。作为情景对话的咨询师，我就如同导游一般，只是负责带领来访者参观自己真实的内心世界，让他自己找到卡点，我再引导其释放情绪，与自己和解。因为一个生命的心理失衡，无非有两个原因，一是"盆太小"，格局不够大就会为眼前的利益而纠结；二是心中有伤无法愈合。试想当一个人总是埋头痛哭，他就听不见幸福敲门的声音。所以咨询师就像医生一样，要为来访者做"心理手术"，要重新打开伤口、清理再包扎，才能达到真正的疗愈，病痛不再复发，才能够生出感受幸福的能力。咨询师没有说教，没有道德评判，只有无条件的接纳、理解、呵护、温暖和源源不断的爱。当看到一个个来访者可以拨开内在的云雾，重见幸福，对我来说，这就是咨访双方一起共创幸福的美妙时刻！而现在，我又用写书的方式将幸福传递，为读者提供一些有益的思考和追求幸福的动力。这，就是心理咨询师职业的意义所在。

记得刘丰老师说过，心理咨询师有三种境界：

第一种境界是看中对方兜里的钱，吸收了很多对方的负能量，把自己整疯了。

第二种境界认为自己是帮助别人，所以对结果很执着。如果这个结果没达成，自己会觉得很不舒服，会产生纠结，把对方的问题又引到自身。

第三种境界认为对方在帮助自己提升智慧。这是能够理解人生的目标意义的人，这样的人才能听得懂这件事，才能真的用感恩的心去做咨询。

而我则认为，应该在此基础上，多加第四种——孔子的"明知不可为而为之"的境界。我作为一个经商从教三十年的商人，明知这个行业不是厚利行业，但我意识到许多现代人受心理问题困扰，所以执意为之；我曾深耕教育领域，深知多少明师，教好了别人，自己却饱受原生家庭的创伤而家无宁日，甚至导致经济困顿，不得不告别杏坛，所以我们以

心理咨询服务为途径，传播心理教育理念；同时我目睹很多心理人呕心沥血、兢兢业业，想做好心理咨询工作，却入不敷出，所以我要为之探索一条"文商同道"的路，才有了出版100本心理学专业图书的计划。

在十八年的从业生涯中，我深刻地体会到，虽然心理健康问题越来越被国家重视，如今心理咨询行业也被誉为"朝阳行业"。早在中国心理卫生协会主办的第十一次全国心理卫生学术大会上，时任中国心理卫生协会理事长马辛就指出，我国心理卫生服务的社会需求越来越旺盛，但是，约120万的获证心理咨询师中，仅有三四万人在从事心理咨询专职或兼职工作，心理咨询师缺口多达130万人。[1] 大多数心理咨询师并非"供不应求"，而是"一客难求"，即使是科班毕业，或考到多个专业证书，但仍然未能马上从业，而是需要长时间继续付费学习和做个案体验，导致心理咨询师长期处于入不敷出的状态。更甚者在学习多个学派之后，发现其理论体系似乎存在"相互打架"的现象，反而更加觉得无从下手。

2020年2月，在疫情刚开始的时候，我们团队参与了中国生命关怀协会心理健康专业委员会发起的"抗击疫情心理援助"志愿服务，发现也许因为国人受"家丑不可外扬"等传统观念影响，以及心理咨询行业在人们心中的公信力不够，人们不太愿意在有心理问题的初期主动寻求心理援助，而是拖延致问题非常严重甚至爆发的时候才求助。可见，心理健康常识的教育工作更需要普及。

有鉴于此，针对时下状况，我开始提出"心理保健"比"危机干预"更加紧迫的观念。于是策划出版了《心理保健与危机干预》一书。

---

① 新京报. 我国心理咨询师缺口达130万人[EB/OL]. (2018-9-16)[2023-11-30]. https://baijiahao.baidu.com/s? id=1611738822745937550.

众所周知，华陀治重病医术高明，治重病如同心理咨询中的"危机干预"。而华陀却表示，自己比两个哥哥差远了，他更赞誉他的大哥和二哥能"治未病"及"治将病"，这就相当于心理学中的"心理保健"工作。

有调研表明，90% 有心理障碍的人群，第一时间会通过书籍、音像制品寻求解决办法，只有 10% 的人会直接找心理咨询师。① 可见，心理学专业图书，很可能是给人们提供"治未病"和"治将病"方法的有效途径。

所以，本书既适合心理学专业的学生和从业人员，也适合对心理咨询感兴趣的普通读者。无论你是希望深入了解心理咨询的专业知识，还是希望解决自身心理问题，本书都将为你提供有价值的信息和启示。

最后，我要感谢我的读者，因为你们的支持我才有写作的动力；感谢所有愿意分享自己故事的当事人，正是他们的勇敢和信任，使本书得以问世；同时也感谢所有参与本书编写、插图设计和审阅的专家和学者，是他们的专业知识和经验为本书的质量提供了保证。

特别感谢李新异老师的父亲李僧佛医生——一位 99 岁的医学界前辈，给予我极大的鼓励和肯定。他在我书稿的读后感中提到：书的字里行间透露出文学艺术家的天才，哲学家的头脑，心理学家的通幽洞微，医学家的专业智慧。对弗洛伊德精神分析理论运用得如此娴熟，恐怕一个学医出身的医生也不过如此，对案例中来访者那么严重的胸痛，一下子抓住要害，判断为心因性疼痛，又能巧妙地给予分析，使来访者通达

---

① 简单心理. 北京师范大学心理学部心理健康服务中心. 第一财经商业数据中心. 2018 心理咨询行业人群洞察报告[DB/OL].（2018 - 12 - 24）[2023 - 11 - 30]. https://www.cbndata.com/report/1275/detail? isReading = report&page = 47.

明理并心悦诚服。

其实我深知，我还没达到他所赞誉的高度，我从这位长者的言辞中，感受到的更多是医学界前辈对心理咨询师工作的嘱托与期待。故摘录于序，与读者共勉，铭记前辈的嘉许和厚望，以期我们能达到这样的境界。

最后，愿本书能够成为你心灵成长的伴侣，帮助你探索内心世界的奥秘，理解自己和他人，领会"原来如此"的豁然开朗；体会生命"妙不可言"的美好；享受"身心富足"的幸福时光。

冯映云

2023 年 11 月于广州

目录
CONTENTS

第一章　原生家庭

——始于血脉的承传

第一节
童年的阴影

原生家庭是孩子生命的动力源泉。

——李新异《让爱回家》

长久以来，原生家庭的伤痛，已经成为当今社会人们无法逃避的现实问题。原生家庭所带来的影响，往往是很多人一生都难以摆脱的。

所谓原生家庭，其实是一个社会学概念，指的是我们从出生到结婚之前，所生活成长的那个家。英国心理学家奥利弗·詹姆斯曾说："心理层面的代际相似性是由后天培养造成的，我们会成长为今天的样子，是受到父母的言传或身教、关爱或忽视，以及我们与父母的身份认同等因素共同影响的。"

你能想象得到吗？缺乏安全感的父母，往往会养育出敏感胆小的子女；语言粗糙和过度焦虑的父母，孩子的情绪控制能力同样会相对较弱。一个人的一生，很难挣脱自己的出身和成长环境的束缚，那些在长大过程中遭受过遗弃、打骂、控制、批判和忽视的孩子，内心或多或少都会

留下挥之不去的阴影。

七年前，我们团队与客户及他们的亲朋好友一同组团去旅游，因为是多年的老客户，大家关系都非常亲密，氛围也轻松融洽。或许是出于职业的原因，中午在餐厅吃饭的时候，旁边桌上用餐的一对母子忽然吸引了我的注意。母亲年轻漂亮，身材纤瘦，看起来文文静静，眉眼中却充满了焦灼的神情。在她身边坐着一个四五岁的小男孩，圆圆的脸蛋，大大的眼睛，机灵又可爱。他显然被周围热闹的氛围所吸引，完全没有把心思放在吃饭上，而他的母亲，就这样喋喋不休，不停地劝说、训斥着男孩。

身边的客户见我正饶有兴趣地看着这对母子，便轻声对我说："那是晓琳，是我的好朋友。现在啊，她每天都为了带娃而焦虑，我正想把您引荐给她呢，看您能不能帮帮她。"

客户将我引荐给晓琳母子之后，接下来的整整一下午，我都被晓琳的儿子缠着玩耍，他好像很喜欢我，跟我有说不完的话。晓琳感到很疑惑，她不明白平时那么调皮的儿子，究竟为什么跟这个陌生的阿姨关系这么好，这么听阿姨的话呢？

记得当时我们准备下山回酒店，天空却突然下起小雨来。长距离的楼梯本来就很难走，我的体能也不算优秀，但看到小男孩深一脚浅一脚地一路打滑，我还是用我典型的广东小身板背起了他。一路上，孩子都很乖地趴在我的背上，晓琳异常感动。

于是，当天晚上，她敲响我房间的门，找我进行咨询。她希望我能够帮助她解决目前最棘手的问题——孩子不听话，我们就在房间里进行了潜意识情景对话。

顽皮的孩子，暴躁的妈妈

我试着让晓琳用最舒服的方式躺下来，彻底放松，让她回溯到自己上一次对孩子发火的情景中去。

她想起来，大概在几个月前，曾带着儿子去他的姑妈家玩。她因为中途有些事情，就让公公婆婆带着孩子在小区里玩滑梯。待她忙完事情赶回来时，却发现滑梯被围得水泄不通。晓琳当时吓坏了，以为出了什么事情，拼命地跑过去，还没跑到就听到里面传出激烈的争吵声。她匆匆拨开人群挤进去，发现公公婆婆正在跟一个孩子的家长吵架。婆婆伸着脖子挥舞着手臂怒吼着，公公掐着腰怒气冲冲地瞪着对方，而儿子则站在旁边嚎啕大哭。

晓琳的第一反应并不是去阻止这场争吵，而是条件反射地认为肯定是儿子又干了什么坏事。她猛地将儿子拽到一边，严厉地问他爷爷奶奶为什么跟别人吵架。儿子边哭边委屈地告诉妈妈，对面那个孩子打了自己。可晓琳却认为儿子在说谎。

晓琳："以前我儿子就是个'问题孩子'，他遇到事情总是喜欢动手，而且常常是'先下手为强'。爷爷奶奶又是特别宠爱孙子的，见不得孙子受到一点点委屈。所以当时我的第一反应就是，这次肯定也是儿子先动手了，所以人家才会来找他的麻烦，来还手。爷爷奶奶才会过来护着他，双方家长才会争吵起来。"

晓琳用惯性思维，对这场争吵做出主观判断，在无凭无据的情况下把所有的过错扣在了自己儿子身上。但当时由于周围的人太多了，她并没有当场爆发。公公婆婆与对方的家长争吵不休，各执一词。两位老人

的立场很坚定，他们一口咬定是对方的孩子先动的手，自己的孙子只是正当防卫，并没有什么过错。但是，对方的家长更加专横，态度强硬，他们甚至扬言要找人过来"撑场子"，有动手的趋势。晓琳见势不妙，连忙打圆场，带着两位老人和儿子离开了现场。

待她安抚了公公婆婆，然后把他们送回家后，便一个人开车带着儿子回家。在路上，她越想越生气，一方面，她受够了这个不省心的调皮孩子，天天给她惹事情，动不动就动手打人，今天竟然还惹得爷爷奶奶动这么大的肝火；另一方面，她认为双方家长在大庭广众之下因为孩子的问题这般争吵，多少有些丢面子。而现在，车里只剩下自己和儿子两个人，晓琳决定好好教训一下这个不听话的孩子。从不应该动手打人，到为什么总是这么顽劣，再到你究竟什么时候才能懂事，晓琳絮絮叨叨地批评了儿子一路，她似乎要把自己积攒的所有愤怒都发泄出来。

回到家后，她又让儿子罚站，逼他把事情经过详细地描述出来，并强行让他认错。当年幼的儿子语无伦次，无法把全部事情说清楚，一直大哭时，她又执拗地认为儿子这是在挑战自己的权威，在挑衅她。于是她一怒之下狠狠地打了儿子，还把他关在房间里，让他"闭门思过"。

几天后，晓琳的父母突然听说了这件事，非常气愤，直接跑过来训斥女儿。他们忍不了外孙受这样的委屈，也同样忍不了女儿动不动就对外孙进行体罚，他们甚至不关心事情的来龙去脉，上来就指责女儿的教育方式有问题，一番说教后便开始跟女儿闹脾气。矛盾越来越激化，最后晓琳为了让父母宽心，只能强压着怒火服软了，她向父母道了歉，这件事才算过去。

在晓琳支支吾吾地描述整件事情的过程中，我已经明显地感受到她内心的悔悟，最后她补充道，整件事真的是自己意气用事了。过了好几天，待晓琳冷静下来之后，跟公公婆婆聊天，才从他们口中了解到事情真正的前因后果。原来当时儿子正在滑滑梯，对方的孩子仗着自己年龄大一些，体格壮一些，整个人拦在滑梯中间，不让其他小朋友过去。很多小朋友都没办法继续好好地滑滑梯，儿子看不过去，上前去理论，最后双方起了争执，然后扭打起来。

　　了解了整个事件的过程，晓琳突然对自己很懊恼。她想到那天儿子看自己时委屈和怯懦的表情，当豆大的泪珠从儿子的脸颊滑落时，晓琳不但没有去呵护他，反而将自己的愤怒发泄在了儿子身上。我于是继续引导她回忆母子间是否还发生过相似的事情。她说起了一件让她至今都非常后悔的事，她认为这是自己对孩子做过的最过分的事。

　　那时候儿子刚满四岁，早晨要去上幼儿园，可他怎么都不肯起床。晓琳很着急，她催促着、喊叫着，甚至拖拽着，可儿子就是没反应，满满的起床气，哼哼唧唧地赖在床上不起来。晓琳气坏了，她突然觉得自己的火气从胸口一点点往上涌，然后"腾"地一下窜到了头顶。她愤怒地夺门而出，"咣当"一声把儿子一个人关在了房间里。儿子吓坏了，他踮着小脚跟跟跄跄地跑出来追赶妈妈，可晓琳理都不理，头也不回地往楼下走。儿子一着急，拿起手边的玩具扔下去，正好砸到了晓琳的头上，她"啊"地叫了起来，随后狰狞地抄起一个东西甩手扔了回去，却刚好砸到了儿子的嘴巴上，血一下子就流了出来。晓琳飞快地跑上楼，紧紧搂起嚎啕大哭的儿子，自己的眼泪也止不住地往下掉。

　　晓琳记起很多类似的事件，每回忆起一件事，懊悔的情绪就多一分，枕头已经被她的泪水浸湿了一大半。而我，在她每次叙述完事件之后，都会反复引导她释放情绪，并一遍遍地让她向儿子道歉。

我：我们回顾刚刚你所看到的一切，面对孩子，你有什么想对他说的？

晓琳：我不是一个合格的妈妈！儿子对不起！（重复）

我让她反复向孩子道歉后，她的情绪慢慢缓和了下来。

我：你现在有什么感受？

晓琳：每一个孩子都是天使。

我：是的，我们对孩子表达出来吧。

晓琳：儿子，你就是妈妈的天使。

晓琳开始不住地哭泣，她抽噎着，往日与孩子相处的一幕幕就像电影一样在她眼前闪过。随着儿子一天天地长大，晓琳也慢慢发现，自己的易怒情绪已经开始给孩子带来负面的影响。比如，儿子非常喜欢闹脾气，一点不如意就又哭又闹。在幼儿园，老师已经不止一次找过她，当小朋友之间发生冲突时，她的儿子很容易挑起事端，先动手打人。这也正是为什么每次一发生问题，晓琳总会下意识地将错误扣在儿子身上，因为自己的儿子真的太爱打人了。但同时，晓琳也想起了很多有爱、温暖的瞬间，她很欣慰的是，尽管自己脾气不好，总是对儿子发火，儿子却从未记恨过，常常对自己表达最浓烈的爱意。

其实，在大多数孩子眼中，父母不仅把他们带到这个世界上，更是他们心中最珍贵、最重要的人。小时候他们依恋父母，成长中他们崇拜父母。尤其是在孩子小的时候，即使父母有错误，即使被父母责备、误解，甚至忽视，站在孩子的角度，他们都会选择原谅，不会心生恨意。

儿童发展心理学里有一个非常重要的概念叫作"依恋"，指的是婴儿与主要抚养者之间最初的社会性连接，也是情感社会化的重要标志。婴孩的依恋对象通常是母亲，所以依恋又被称为母婴依恋。在幼儿时期，如果孩子能够从父母那里得到足够的关心和爱护，这份依恋往往是安全而健康的，否则很可能会变成回避或否定式的。而所有这些早期的母婴依恋关系，都奠定了一个孩子最初的人格底色。这些底色，将随着时间的流逝，刻印在孩子们的脑海中，存活在他们的潜意识里，即便有时被遗忘，但从来不曾消失。

很庆幸，晓琳与孩子之间的依恋目前是安全的，虽然她很苦恼自己总是很偏执、固执又自以为是，但这些并不妨碍她对孩子表达爱意。同时，她明白自己的暴躁会给孩子的成长带来不利，而她的孩子刚刚五岁，她为此做出任何改善都不算晚。

通常来说，孩子在成长过程中，不同年龄阶段的需求是不同的。孩子在六岁之前，父母需要给予孩子无限的爱和关注，才能为他们打好最坚实的情感基础，才能让他们感受到这世界的安全和浓浓爱意，进而形成稳健的自我意识，并慢慢学会爱自己和爱他人。孩子六岁之后，父母给予孩子的，除了爱和关注，更多的应该是支持和信任、尊重和鼓励。

不过随着孩子年龄的增长，父母的爱渐渐开始变得有条件。他们不再满足于孩子健康快乐，还希望他们礼貌懂事、自强自立、认真上进、学有所成。他们习惯于跟周围人对比，但凡自己孩子没有达到所谓的期盼时，他们就会焦虑、不满，不断地训斥，并表现出失望。心理学家卡尔·罗杰斯曾经说："父母对孩子只是单纯的爱是不够的。我们必须无条件地去爱，我们要爱他们本身，而不是爱他们所做的事。"

相对来说，孩子对父母的爱，往往更加纯粹和真挚。我们或许可以这样理解，其实每一个成长中的孩子，都始终在寻求父母对自己的关注和肯定。

好在越来越多的家长们开始意识到科学教养的重要性，他们开始努力学习各种育儿知识，积极参加育儿实践活动。他们不想让孩子跟自己一样遭遇原生家庭的伤害，希望孩子们能够拥有健康的身心和最幸福的未来。所有智慧的父母，都要收起那些傲慢的要求和条件，学会从心底里接受孩子并全心全意地爱他们，无需理由，只因他们是我们的孩子。

情绪传递的威力，堪比基因编辑

在深度挖掘晓琳记忆的过程中，我意识到，她除了会错怪孩子，常常对孩子的"不良"行为感到愤怒外，她的那些莫名的坏情绪应该还有其他更深层次的来源。

我引导她去回忆一下自己与丈夫的日常生活和相处模式。在晓琳的记忆里，孩子两岁之前，家里的日子并不太平，那时候她和丈夫总是吵架，而引起他们争吵的最主要原因，往往都是孩子的养育问题。今天因为儿子的哭闹而拌嘴，明天为孩子的辅食喂养闹矛盾。每次吵到不可开交的时候，丈夫的反应都会让她很恼火，他总是试图转移话题或者干脆采用冷暴力的方式，极力地想把自己置身事外。而每当这时，晓琳都会非常愤怒，她委屈、无助，甚至为自己的婚姻感到不值得。

那个时候，她常常无处安放自己糟糕的情绪，也因此会无意识地将这份不快转移到儿子身上。当幼小的儿子需要自己时，晓琳甚至会用丈夫对待她的方式去对待儿子，不去理睬，选择逃避。

让晓琳记忆犹新的一次，是一家三口外出游玩时发生的事。当时丈夫开着车，她坐在副驾驶，儿子坐在后排的安全座椅上。她记不清楚他们是因为什么事情而争吵了，只是记得当时那个令人窒息的画面，丈夫一声不吭地开着车，自己的胸口像堵着一块巨大的石头，鼻子喘着粗气，头顶冒着火。她讨厌丈夫回避甚至无视的做法，她甚至觉得自己在车里一刻都待不下去了，恨不得让丈夫马上停车，自己摔门一走了之。

而当时，本来在后座叽叽喳喳，开心地问个不停的儿子，突然没了声音。她回头望去，发现儿子就那样直直地坐着，一动不动，一声不吭，黑眼睛滴溜溜地来回转，一会看看爸爸，一会望望妈妈，眼里充满了胆怯和无助。晓琳突然感到很难过，她不知道该如何去面对这样一种境况，她有些后悔让幼小的儿子在这狭小的车厢里，感受到爸爸妈妈之间浓烈的火药味，体会着强烈的坏情绪。很显然，丈夫此时也感受到了儿子的异常，便通过车内后视镜看着儿子，轻声呼唤他，还对他吹起了口哨，尝试转移他的注意力。

本来有些心软的晓琳看到丈夫的行为后，又开始变得沮丧和气愤。她说，每次跟丈夫吵完架，她都会觉得丈夫似乎只关心儿子，从来没对她有过半点宽慰。丈夫总是无视她的感受，甚至常常指责她没有扮演好一个母亲的角色。这让她感到很委屈，她自始至终都在努力地做一位好母亲。

当然，夫妻间的这种状态在孩子两岁之后慢慢好转起来。随着儿子渐渐长大，他已经会表达自己的感受和需求了，这时夫妻双方再也不用猜测儿子的想法，两个人自然也不再因为养育的问题吵架了。

只是通过这种方式再次回忆、说起这些不愉快时，晓琳还是很愤怒，她双手紧紧攥着两侧的床单，眉头紧皱，嘴唇微微咬着，胸口一上一下快速地起伏着。我马上让她抓住印象中丈夫说过的那些狠话，引导她进行情绪的释放。

我：老公是怎么指责你的？

晓琳：他对我说"你这个蠢妈妈！"

我：你听了之后内心什么感受？

晓琳：我很愤怒。

我：请重复这句话。

晓琳：我很愤怒！

我：再重复。

晓琳：我很愤怒！（重复）

我一再让她重复，是为了引导她释放丈夫责骂她时她内心被压抑的情绪。随后，我开始引导她回顾更早之前的类似事件，慢慢发现她与父母之间同样有着因孩子养育问题而产生的冲突。

当时还是在她坐月子期间，晓琳因为儿子喂奶的问题与自己的母亲产生了矛盾。那时她刚生完孩子不久，母亲过去照顾晓琳坐月子，整个过程中母亲都对孩子过分关注和紧张。她要求晓琳坚持母乳喂养，认为这对母子俩的身体都好，没有母乳就要强迫晓琳吃下奶的食物，喂奶疼痛或者乳腺堵塞也要咬牙坚持，不能放弃。晓琳认为有母乳自然好，但如果奶水不好或者不足，或遇到乳腺炎等特殊情况，是完全可以给孩子喂奶粉的。由于意见不统一，整整一个月的时间，晓琳每天都在承受母亲没完没了的唠叨，而她却偏偏不愿听话，总是跟母亲对着干。月子期间晓琳精神紧绷，并没有体会到太多初为人母的喜悦，感受到的反而满是被管控、被忽视、被要求，她愤怒且沮丧。终于有一天，母亲外出了，家里只剩下晓琳母子二人，而此时儿子突然又哭又闹，烦躁的晓琳实在控制不住自己的情绪，大声吼道："你哭什么哭，我也很崩溃！"这是她第一次冲着襁褓中的宝宝大声叱喝。

还有一件事，大概是孩子七八个月大的时候，晓琳开始培养儿子自己用餐的习惯。她购买了宝宝椅，每次吃饭时都让儿子坐在宝宝椅上，并尝试让他自己抓饭吃。过年时，儿子一岁多了，晓琳还特意把宝宝椅带回了老家，想着回家继续用。谁知她父亲看到后，觉得孩子用宝宝椅吃饭不舒服，每回吃饭时都要求她把孩子放下来。但晓琳很固执，她强硬地回绝父亲的要求，甚至有一次当场回怼父亲道："我的儿子我自己教，你凭什么干预我？"

但有时趁她不在，父亲还是会把孩子抱下来吃饭，慢慢地，孩子也开始排斥宝宝椅狭小的空间。有一天，儿子当着晓琳的面突然不愿意坐宝宝椅，他哭闹着，死活不肯上去。看着这么不懂事的儿子，晓琳气坏了，她强行把他抱起来，试图往宝宝椅里放。谁知儿子却在她怀里大叫着乱蹬乱踹，"嘭"地一下把宝宝椅踹倒在地。巨大的响声把家里人都引了过来，父亲见状开始不断地指责晓琳专横："你看我说什么来着，这东西不舒服，孩子他自己也不愿意坐，你为什么非要强行把他往里塞呢？"旁边的母亲也来帮腔。晓琳感到心脏怦怦乱跳，胸口不断起伏，喘着粗气，脸涨得通红，脑袋嗡嗡作响。她把孩子放下来，一巴掌狠狠地拍在了孩子的头顶上。"哇"的一声，儿子嚎啕大哭，一瞬间全家人手忙脚乱，丈夫上前阻拦，父亲使劲拽着她，母亲扑过去紧紧搂住了孩子，晓琳就这样气喘吁吁地站了很久很久。

从这两件事中我们可以明显看出，晓琳在重复犯着同一类错误，那就是她习惯于将丈夫的忽视、父母的压迫让她产生的坏情绪，转移、传递到儿子身上。看似所有事情的起因都来自孩子，所有的矛盾都是孩子无意识的举动所带来的，但实际上，真正导致她愤怒的根源，其实是内

心强烈的不被认同感。同时，幼小且无辜的孩子并没有能力承接这么强烈的负面情绪，所以他无助、哭闹，甚至从妈妈身上也学会了粗鲁专横、以暴制暴的处事方式。

在心理学中，有一种情绪来源叫作承接的情绪。对于很多家庭来说，一个爱生气的暴躁孩子，他的坏情绪并不全是来自他本身，很多是从其他地方承接过来的。那么，如果情绪不是孩子自己的，会是谁的呢？答案就是，在成长过程中，不论孩子接不接受，都会无意识地接收到来自家庭或父母的一部分情绪。

可是，孩子为什么会无意识地接收不属于自己的情绪呢？首先，是因为影响，这就是潜移默化的概念；其次，就是忠诚。要知道，每一个孩子的心中，父母都是最值得依恋和信赖的。从孩子的角度来看，父母的言行举止具有天然的权威性，甚至在不经意间就已经给孩子带来了压迫感。对于一个孩子来说，父母犹如一粒尘般微不足道的言行举止，或许会成为他在心理上难以翻越的大山。对于将要独立面对这个世界的孩子而言，家庭的氛围、处世的观念、情绪的传递对其人格的形成和构建，以及对其思维模式的影响，甚至超过了先天的基因遗传。

有资料显示，父母越重视孩子的教育，对孩子的打压力度就越强。很多父母都希望自己的孩子能够出人头地、成龙成凤。父母的初衷是好的，他们希望孩子更加优秀，希望通过批评的方式让他们不断进步，但他们却不知道自己是在好心办坏事。他们宁愿相信"不打不成才""棍棒底下出孝子"的理论，也不愿相信长期的赞赏、信任和鼓励能够培养出优秀的孩子，大部分家长更偏爱惩罚所带来的即时成效。

晓琳父母的养育方式，在某种程度上已经给她带来了莫大的影响和伤害，他们时时刻刻控制、打压着自己的女儿，让她的童年蒙上了阴影，即使女儿已经结婚生子，他们仍然在生活中不断地介入和管控。而晓琳，也不知不觉地让这份阴影笼罩到了自己的孩子身上。

事实上，打压教育最直观的结果就是让孩子逐渐失去信心，变得胆怯又自卑，最终毁掉孩子的内驱力和自律性。在对孩子进行打压式教育的家长当中，大部分人总有两个自己往往不自知的不良导向：一是通过鞭策孩子去努力追逐自己未遂的心愿，并把他们的成绩和特长当作自己攀比、炫耀的资本；二是打着为孩子好的旗号，以权威者的身份对他们进行管控，满足自己的支配欲，甚至完全夺走孩子的自主权和决定权，以满足自己的占有欲。父母忽视孩子内在感受的做法，很容易让他们产生自我怀疑，还会让他们开启自我否定和批判的思维模式。面对父母不正确的行为，有些孩子并不会停止爱父母，但是会停止爱自己。

把"魔咒"化为护佑

随着晓琳的讲述，我已经了解到，她的问题应该在她的原生家庭关系中寻找答案，于是，我随即引导她去回溯童年的记忆，去看看她小时候是否也有类似无助或愤怒的事情。

她说，小时候母亲经常打骂她，她常常怀疑自己的妈妈到底爱不爱自己，甚至觉得自己与妈妈之间只是一种契约关系。小学时，妈妈将一个二手手表放在了抽屉里，有一天却突然找不到了。当时，妈妈因为她带其他小朋友回家玩而斥责她，并一口咬定是晓琳为了向大家炫耀而拿走了手表，导致手表丢失。晓琳委屈极了，她面红耳赤地与妈妈争辩，极力否认自己拿过手表，甚至表示自己连见都没见过，可妈妈就是不相信，非说是她弄丢了手表。

二年级时，因为做了妈妈认为错误的事，晓琳被妈妈狠狠地打了一顿。她记得当时妈妈特别生气，她却死活不承认错误，瞪着眼睛、伸长脖子反抗着："我没有做错，我不会认错，我不怕死，你打死我好了！我没错！"妈妈气急了，用细藤条狠狠地抽打她，而她硬是没有掉下一滴眼泪。

后来长大了，有一次因为考试没考好，晓琳不敢回家，于是应一位同学的邀请去她家过夜，放学时晓琳让邻居回家时告诉妈妈。第二天，妈妈托邻居同学给晓琳带来了雨鞋和午饭，并没有带什么话，晓琳就在心里认为妈妈应该默认同意了，于是也就安心了些。没想到晚上回家时，妈妈开始对晓琳冷暴力，她描述道：妈妈的脸色阴沉，眼神冷冰冰的，不看自己也一言不发，只让自己一直跪在地上，直到认错道歉才肯罢休。可是晓琳心里不明白，妈妈到底为什么生气，如果是因为去同学家玩，那为什么其他同学可以，唯独自己不行呢？

总之，妈妈很少对自己展现温柔的笑容，她总是对晓琳说："我给你交了那么多钱读书，如果你不好好读书，我可以用那些钱买很多很多猪肉，我可以一年四季都吃肉！"晓琳很受不了妈妈这样说，她在心里默默想：读书怎么能跟猪肉比呢，更何况我已经很努力，很努力，很努力了！她总是担心考试成绩，如果考不好，通常是不敢回家的。她总能想起曾经那个瘦瘦小小的自己，因为没有考到爸爸妈妈希望的成绩，一个人绕着村子外围走了一圈又一圈，那天下着大雨，晓琳的心也难过到了极点，她的内心害怕极了，怕被妈妈骂，怕被爸爸打。

在晓琳的记忆里，爸爸一共只打过自己两次。一次是因为四岁时贪玩浪费了家里的鸡蛋，还有一次，她把爸爸买来招待客人的曲奇饼干吃掉了一大半。这两次爸爸都狠狠地教训了晓琳，用扫帚打她，训斥她浪费食物。她喃喃地说："我当时真的很委屈，特别不理解爸爸为什么那么生气，长大后我明白那是因为小时候家里困难，爸爸觉得我太贪吃，所以打我，可如今想想，还是觉得委屈。"

如此看来，埋藏在晓琳记忆深处的被打、被惩罚的事件非常多，它们像幻灯片似的一页页闪现在晓琳眼前：被母亲罚跪在客厅，被父亲追着满村子跑，被冤枉、被指责、被迫承认错误。她说，自己是全村被打得最多的孩子，即便是最调皮捣蛋的孩子，都没有她挨打的次数多。她哭着喊："可是我明明已经很乖了！很乖很乖了！"

我慢慢安抚她，引导她进行情绪的释放。

我：你希望爸爸怎么做？

晓琳：爸爸看到我喜欢吃曲奇，对我说："喜欢吃就吃吧！"

我：我们想象现在爸爸拿着一大罐曲奇饼干走到你面前，对你说"喜欢吃就吃吧！"你听后内心有什么感受？

晓琳：我很高兴，非常开心。

我：爸爸是什么样子？

晓琳：他冲我笑。

我：你呢？

晓琳：我开心极了，跑过去抱着他说："谢谢爸爸！"

她的声音柔和下来，眼泪从眼眶中滑出，紧锁的眉头也舒展开来。随后，她脑海中的画面又变成了妈妈。记忆中，妈妈除了脾气暴躁，还非常小气，她总是想着省钱，不仅对自己，对孩子也很苛刻。妈妈总是给晓琳买大很多的衣服，这样一件衣服就可以穿很多年。有一次，她喜欢上一件特别漂亮的橙色外套，但妈妈觉得太贵，始终没有给她买，还

一直批评她就知道乱花钱。她回忆说，印象里自己想要的东西，妈妈几乎都不会满足她，想要的永远要不到。甚至小时候妈妈答应过给她买一台电子琴，但却一直都没有买。在她心里，妈妈的话都是谎言，承诺无法兑现。一诺千金在妈妈这里从来都是不存在的。

还有最过分的是妈妈的不诚实。小时候他们出门常常需要坐船，低于一定身高的小孩子是免票的，随着年龄的增长，晓琳已经到了需要买票的身高。但妈妈带她坐船时，总是让她跟着前面的大人走，钻个空子偷偷上船，只为了省一张船票钱。每当这时，晓琳都很害怕，但有时还是会被检票员发现，在检票处的身高尺前，妈妈把她的头往下摁，直到她的头顶低于需要购票的高度。她多么希望妈妈能够大大方方地给她买一张票，让她挺直腰杆，堂堂正正地乘船外出。

当然，除了挨打，晓琳也想起了一些温暖的画面。一天早晨，她忘记自己做了什么，又惹妈妈生气了，在那一刻，她只想逃离这个家，就跑到了学校。到了快上课的时候，她突然被老师叫出去，却看到妈妈端着一碗热腾腾的面条站在门口，上面还放着一个荷包蛋。妈妈只是叮嘱她快点吃完去上课，然后就离开了。这段经历成了她最珍贵的记忆，望着手心里那碗充满爱的热面条，她展开了笑颜，在她的脑海里，对妈妈的一切不满和怒意早已烟消云散。

晓琳的父母在她童年时给她太多的负能量，她在成年后自然会很容易把同样的负能量传递给孩子。现在，她的负面情绪已经通过哭泣、表达、发泄等方式排解了很多，所以她才会在这时看到这温暖的一幕。至此，我也正式确定，晓琳的问题已经得到了很好的解决，我们找到了真正的原因，我也为她取得的进展感到庆幸。

大部分童年的阴影，都是因为父母不懂得换位思考，不能够以同理心面对孩子所造成的。孩子们的感悟能力是非常强的，他们总能在第一时间感受到父母是否开心，是否真诚地夸赞他们，是否感到厌烦，是否口是心非。但凡父母对自己有一点点不屑、质疑或者不满意的情绪，都将对他们造成一定的创伤。

孩子最初能够信任的人，往往只有父母，当他们不断地听到父母口中那个充满缺点的自己时，自我否定也会渐渐地加深，孩子的一举一动开始变得小心翼翼，充满了谨慎又恐惧，最终真的变成父母口中的那个模样。打压式教养最大的恶果，就是造成孩子内心极大的挫败感和不自信。

如果父母习惯性地忽视孩子的内在感受，终有一天孩子会彻底封闭自己的内心。那些因为父母的不理解和谴责，选择离家出走或自残、自杀的孩子们，不是因为他们的内心过于脆弱，而是在幼年无知时，自尊心被父母无意识地一点点摧毁；长大后迷茫和无助时，又没有得到父母正确的引领和指导。

我们可以看到，晓琳是一个典型的将原生家庭的成长模式带到自己新生家庭的案例。当她被他人否定、不被认可时，当她与孩子发生冲突时，抵触、厌烦、敌视和愤怒的情绪就会不自觉地产生，很小的一件事情，都会让她感到烦躁，瞬间火冒三丈。她一直背负着原生家庭施加给她的"魔咒"，她对孩子的养育模式复制了父母对她的养育模式。而我们需要做的，就是把"魔咒"变成护佑，随着血脉的延续，一代代地传承下去。

事实上，我们只有有意识地去深入探究自己的原生家庭和成长历程，才能更好地与原生家庭"和解"，它其实需要两代人共同面对问题。值得庆幸的是，随着家庭教养理论不断深化和普及，越来越多的人开始重视

他们的内心感受。那些在童年经历过磨难和困苦的孩子们正在通过自身的努力，通过专业的心理工作者的帮助，慢慢摆脱阴影，逐渐走出阴霾。对于苦难的成长经历来说，不是"和解"了，被诋毁的童年就消失掉了；也不是"原谅"了，我们就能够拥有幸福的未来。人们最需要做的，是要与内心那个曾经受伤害的自己拥抱，抛开父母给自己的不客观评价，发掘自己的优势和能量，并给足自己向前的勇气。这是一个漫长又痛苦的过程，却又是最完备的自我救赎过程。

后 记

晓琳的故事已到了尾声，旅游结束后，我们各自回到了自己的生活轨迹中。我偶尔会想起她，不知她是否完全摆脱了童年的阴影，是否真正实现了最好的成长和蜕变，但从客户的口中，我了解到她的生活状态在一点点变好。

一年后，又是一个春意盎然的季节，客户给我打电话，邀请我们出游。她说："这次带你们去一个不一样的地方玩。"第二天一大早，我带着疑惑和三两伙伴出发了，驱车三个多小时，终于来到了山边一个静谧的小村落。村子里很安静，路边有零星绽放的花，野蛮生长的草，不时能看见悠然散步的老人，和慢悠悠嚼着草的老牛。我们刚把车停在一个院落的门口，就听见庭院的门"咯吱"一声被打开了。一个虎头虎脑的小男孩探出头来，眨巴着眼睛望向我们。随后，梳着长发，穿着印花长裙的晓琳就走了出来。她激动地跑过来抓住我的手说："冯老师，终于把您盼来了，请进请进，到了这里一定要好好放松一下！"

我很惊讶，连忙问她："这是你们的房子？"她腼腆地笑着回答："我们租下来的，现在趁着孩子还没上学，我们抽空就会过来住上一段日子。这里有山有水还有田，我过得很舒服，孩子也非常喜欢。"

这时我低头看向眼前的这个小男孩，他正眨巴着眼睛冲着我笑，时隔一年，他长高长瘦了很多，还是那双大大的灵动的眼睛，眼神却乖巧沉稳了不少。他显然对我还有印象，但又有些陌生，于是我蹲下身，伸出手向他问好。他随即抬头看看妈妈，然后冲我露出一排小白牙。

走进门，院落被打扫得非常干净，我们坐在院里的小亭子里乘凉，晓琳为我们倒上茶，端来了糕点水果。她说，上次咨询之后，她意识到自己的问题所在，于是在情绪失控时，就会尝试着让自己跳出来，站在旁观者的角度去看待事情，让自己一点点地脱离原生家庭所带来的"魔咒"。慢慢地，她明白了那句话："满足，即放下。"她说，长大之后，她常常沉迷于购物所带来的快感，喜欢买各种各样的衣服，导致家里的衣服都堆成了山。我们的咨询让她意识到，这种买买买的"魔咒"正是小时候妈妈不给她买衣服，总是不能满足她的需求所造成的。明白了这些，她也就慢慢地放弃了疯狂的"报复性购物"，甚至喜欢上周末与丈夫儿子在乡下自在快乐地生活，她越来越喜欢农村这样质朴的环境。

晓琳在不断地自我疗愈中找到了更适合自己和家人的生活方式。跟他们相处的那几天，我几乎遗忘了一年前那个焦虑烦躁的母亲，看到的是晓琳与丈夫之间的幸福和谐，与儿子之间的愉悦快乐，这让我既欣慰又感动。

人们都说，每一个孩子都像一朵花，而呵护花儿成长的家庭却千差万别，只有那些懂得"时光不语，静待花开"的父母，才会看到最璀璨绚丽的美。我希望能够帮助晓琳和所有拥有同类经历的人，破除掉曾经禁锢在头顶的"魔咒"，走出童年的阴影，并在疗愈的过程中积攒力量，寻找自我，成就自我，从而将越来越多的正能量代代相传，幸福生活。

第二节
断过的弦

即使断了一条弦，其余的三条弦还是要继续演奏，这就是人生。

——爱默生

　　都说家是孩子的港湾，父爱如山，母爱如水，不管孩子多大，都需要有家在身后支撑。在现实生活中，强势的父母比比皆是，他们望子成龙、望女成凤，不允许子女不听话，不甘心子女不成才。反之，还有这样一类父母，他们懦弱、胆怯、毫无主见、不负责、不担当，在儿女的成长过程中，他们以一种缺席或者逃避的状态，被动承担着家长的职责。他们不能在现实中和心理上给予孩子支持，当发生变故时，他们甚至还会选择退缩和逃跑。

　　如果父母没有承担起家庭责任，孩子就可能忍受痛苦和压抑，为爱而强行撑起这个家。所有被动承担起来的责任，所有无法突破的困境，都会导致孩子内心充满不安和失望，进而身心疲惫，最终产生很多心理问题。

梦晴第一次来到咨询室的时候，已是接近黄昏，橘色的夕阳余晖从窗外洒进来，落在她瘦瘦小小的身影上，给人一种我见犹怜的感觉，让人想要呵护她。她很憔悴，也很焦虑，头发有些蓬乱，脸色疲惫。她说最近已经很长时间没有好好休息了，一方面为了妈妈的身体而苦恼，另一方面，与丈夫的关系也越来越僵化。她很累，累到无力去做任何事情。

我引导梦晴躺在咨询室的椅子上，帮助她平复自己的情绪，舒缓呼吸，并进入潜意识引导，通过潜意识情景对话的方式让她直面自己的内心，最大限度地释放自己的压力和恐慌。

无法割舍的亲情

梦晴的人生非常坎坷，与大多数孩子不同，她有着一个并不完善的原生家庭。刚出生不久，父母因为种种原因将梦晴送给了其他人抚养。从此之后，梦晴的生命中再没有过亲生父母的呵护与宠爱。值得庆幸的是，养父对她非常好，倾尽所能地照顾她、关爱她。尽管家里经济条件不好，但养父始终将最好的物品留给她用，把最好吃的食物留给她吃。

七岁那年，当她无意间知道自己不是养父的亲生女儿时，整个人都蒙了。她虽然总是听到其他小朋友说自己长得不像养父，却从未想过自己竟然是被领养来的。梦晴说，从那时开始，自己的内心就埋下了一颗仇恨的种子，她恨自己的亲生父母，恨他们抛弃了自己，甚至希望他们永远都不会幸福。

跟养父在一起的日子里，梦晴是最快乐的孩子。每天早晨天蒙蒙亮，养父就起来为她准备早餐，陪她一起吃饭，然后送她去上学。晚上回家后，其他小朋友都会在外面疯玩，梦晴却总是懂事地回家先将饭煮上，

等着养父下班回家烧菜。父女俩相依为命的日子平平淡淡，却有着最浓厚的亲情。她说，那时候每到夏天，屋子里热得难受，养父就会带着她坐在院落的大门前乘凉。天空中有闪烁耀眼的星星，远方有一望无垠的稻田，头顶上还有一阵阵聒噪的蝉鸣声。而养父总会摇着蒲扇给她讲故事。那时的她，乖巧地坐着听故事，时不时地仰起头冲着养父开心地笑。

有一次，她生病发高烧，养父非常着急，背着她走了很长很长的一段路，才找到车把她拉到医院。这一路上，她趴在养父的肩头，听着他一遍又一遍安慰自己的话语，眼泪就止不住地往下掉。后来在医院打吊瓶时，她看着养父苍白的脸庞，觉得鼻头酸酸的。她对他说："爸爸，等我长大了我来养你！等我长大了我要养爸爸！"养父听后由衷地憨笑，然后摸了摸她的头发，宠溺地说："傻孩子，好好养病！"

讲到这里，梦晴整个人都是放松的，她甜甜地笑着，完全沉浸在与养父的温情回忆中。在她的记忆深处，养父是那样的高大、强壮，他就像一座高山，矗立在她的身旁，给她十足的安全感和无尽的前进力量。

后来，随着年龄的增长，梦晴从养父那里了解到了自己亲生父母的情况和住址。养父对她说："他们也是没办法，你不要记恨他们，他们其实都很挂念你，希望你过得好。"可梦晴心里并不接受，她理解亲生父母的不易，但仍然觉得自己是被抛弃的，是他们不要自己了。在她的内心里，有太多的委屈和不满，她甚至常常梦见在漆黑空旷的马路上，远远看着两个模糊的身影匆匆地离她而去，而她则心如刀割，抱头痛哭。

十八岁那年，养父带着梦晴与她的亲生父母会面。当时母亲一看到梦晴，就跑过来扑倒在她身前，嚎啕大哭起来。而梦晴竟也忍不住怆然涕下，她扶起母亲，安抚她颤抖的身体，让她在自己身边坐下。她看到远远站着的那个拘谨而又苍老的男人，噙着泪花深情地望着自己。从那之后，梦晴的生命中除了养父，还有自己的亲生父母和姐姐。她仍然和养父一起生活，但心里却常常不自主地挂念着自己的父母。

妈妈的身体非常不好，肠胃问题很严重，总是那样弱不禁风。参加工作后，梦晴总要抽空带着妈妈去医院看病。她很担心妈妈的身体，怕妈妈再次离开自己。她说，妈妈总是柔柔弱弱的，走路很慢，脚步沉重，很艰难的样子。而自己，就像一个大家长，亲力亲为地为父母付出。她觉得很累，很委屈，也很无助。

我于是引导她，去想象妈妈生病的一个场景。

我：我们回到其中一个场景，回到妈妈生病的场景。看到妈妈生病你有什么感受？

梦晴：我不敢看。

我：为什么不敢看？

梦晴：我怕她离开我。

我：重复这句话。

梦晴：我怕她离开我。（重复）

我：重复时看到什么画面？

梦晴：我背对着妈妈，听到妈妈很重的脚步声，脚步很慢。

我：现在妈妈慢慢地走过来了，你有什么要对她说的？

梦晴：我不知道怎么去面对她，我不知道怎么去回报他们，不敢看他们，怕他们离开！（哭泣）

我：我们回溯过去，你现在看到了什么画面？

梦晴：看到养父，他说我很傻。

我：你想对养父说什么？

梦晴：我不知道怎么放下，我有很多的愧疚。

我：你有哪些愧疚？

梦晴：家人为我做了很多事，我压力很大。

我引导着梦晴不断重复自己的想法，目的就是让她慢慢直视自己的内心。在内心深处，她始终无法忘怀自己曾是那个被遗弃的小孩子，她既憎恨父母，又非常想得到他们的关爱和肯定，她无法真正的与他们割舍。她珍视自己现在所拥有的爱，害怕再次失去它，所以她时刻都在为回报所有的亲人而努力。

但是她又说，自己想对亲生父母好，也想经常回去看望他们，希望他们过得幸福。可同时，她的内心似乎又被什么东西"绑架"着，觉得总是如此挂念亲生父母，是对养父的背叛，她愧对养父这么多年含辛茹苦的养育之恩，她应该把更多的爱留给养父。她给自己堆积了太多的压力和情绪，似乎已经超出了自我管控的能力。

父母当"甩手掌柜"的情况几乎每天都在发生，我们在新闻与社会消息里也会了解到一些，他们大部分都是在艰苦的条件下，因生活无奈而选择退缩的。有些人本身平庸而懦弱，习惯了看别人的眼色过活，在他们的观念中，生活很艰苦，现实也很残酷，他们甚至不指望孩子出人头地，只求他们安稳、少折腾。还有些家长，就像案例中梦晴的亲生父母一样，直接或间接地缺席了孩子的整个成长过程，他们习惯于逃避和推卸责任，常常妥协和示弱，让孩子毫无安全感，无法依靠和信赖父母。这些父母都犯下了"不作为"的错误，让孩子从小背负起本不该承受的压力和负担。所有的这些行为，都对孩子的内心造成极大的伤害。

美国著名社会心理学家亚伯拉罕·马斯洛提出了著名的"马斯洛需

求层次理论",他将人的基本需要分成了五个层次,从低到高依次是:生理需求、安全需求、归属和爱的需求、被尊重的需求以及自我实现的需求。这些需求之间的关系非常紧密,它们相互关联着,一环紧扣着一环。最底层的生理需求,是人们必不可少的吃穿住行,是人们最本能的需求,也是必须首要解决的问题。

只有低层次的生理和安全需求得到满足时,人们才会去关注更高层次的需求。也就是说,如果一个孩子连最低层次的需求都很难得到满足,却想要去完成高层次的自我实现,是不现实的。那些"软弱"的父母很少关注孩子的生活,不能给予孩子强大的力量和支持,孩子自然没有足够的安全感,没有归属感和被爱的感觉,又如何能够实现自我价值呢?

真正意义上的父母,不仅仅是将孩子带到这个世界上的人,更应该在满足孩子物质需求之外,努力保护和关心孩子的情感需求,让孩子感受爱和信任,最终获取到更深层次的价值。就像梦晴,从她知道自己是个被遗弃的孩子开始,内心已经缺少了自我肯定和足够的安全感,即便有养父的爱护,有亲生父母的忏悔,仍然无法填补她内心的恐慌和不安。

错乱的家庭序位

二十七岁那年,梦晴结婚了,嫁给了一个憨厚又有些耿直的青年小伙。与丈夫的结合,其实并非梦晴的本意,她成绩很好,工作也不错,总觉得自己能够找到一个更好的伴侣,却没想到就这样稀里糊涂地嫁给了这个憨憨的愣头青。

婚后的生活一点都不完美,梦晴是个举止利落又习惯操心的人,她仿佛有三头六臂一般,家里家外几乎都是她在不停地张罗着。丈夫虽然

善良正直，但并不善言辞，尤其是当两个人意见发生分歧时，丈夫的沉默常常让急性子的梦晴感到抓狂。她常常很恼火，为什么自己的丈夫总像是一个"扶不起的阿斗"，遇事永远那么被动，甚至回避退缩。他总是习惯性地听从梦晴的"建议"，遵照梦晴的安排，很少主动去承担起家庭的重任。

而梦晴，则仍然习惯性地将自己生活的重心放在父母和养父这边。她时刻焦虑母亲的身体，担心父亲的无能，对养父深怀愧疚、感到不安。她希望能够通过自己和丈夫的力量，让亲人们过得更好一些，而丈夫的木讷和平庸，让她无奈又失望。她说："我真的很累，很想休息，我不知道当初到底为什么嫁给他，他总是那么闷闷的！总是不说话！他让我很恼火！不管我说什么，他都不回应，我不知道什么时候是个头？我从始至终都没瞧得起他！"

渐渐地，丈夫也开始无法忍受梦晴对自己的傲慢和挑剔，两个人渐行渐远，一起相处沟通的时间更少了，丈夫甚至开始不自觉地逃避梦晴的抱怨和唠叨。他晚上加班的次数越来越多，常常应酬到很晚，即便回到家，也很少跟梦晴好好地说话。两个人之间的交流只剩下一些无关紧要的生活琐碎，而只要梦晴想详细地询问丈夫工作或加班的情况，他总会应对得非常敷衍。

有一次梦晴气急了，她冲着丈夫不满地喊："你能不能多说几个字？这个家整天都死气沉沉的，你难道没有感觉到吗？"丈夫缄口不语，梦晴更生气了："你昨天为什么又加班了？你心里到底有没有这个家！我每天累死累活地为了家庭操劳，你可倒好，天天躲个清净！你倒是说句话啊，哑巴吗！"丈夫忍无可忍，突然冲她怒吼道："你闭嘴吧！烦不烦，烦不烦！"梦晴愣住了，从认识到现在，丈夫从来都是顺着她的，即便是两个人发生分歧或者冷战，丈夫都从未对她说过一句重话。而这一次，他竟然说自己烦，让自己闭嘴。她彻底失控了，疯了似的向丈夫怒吼，将自己所有的情绪和痛苦都倾泻了出来。而这之后，两个人的关系彻底僵化了。

梦晴说，每当自己感到烦躁或者疲惫的时候，总能想到自己的养父，似乎那就是自己力量的源泉。于是，我让她想象与养父在一起的样子，她蜷了蜷身体，仿佛变成了小时候的自己。小的时候，养父总是温柔地抱着她，一只大手在她的背后轻轻地、有节奏地拍打着。而此时，她就好像躺在养父的怀里，全然地放松下来，也全然地接受着养父给自己的爱。这份爱里充满了慈悲，充满了力量，也充满了温暖。她觉得自己就像一只无忧无虑的小鸟，在大鸟翅膀的呵护下感到安全和踏实，似乎一瞬间，所有的忧愁和烦恼就这样消失了。

实际上，在梦晴的内心里，始终有一个高高大大的厉害人物，那个人就是她的养父。养父从小照顾着她，陪伴着她，为她遮风避雨，也为她保驾护航。相比之下，自己的亲生父亲，无能又懦弱，是一个本本分分的庄稼人，从来没有为她做过什么，甚至为了生存狠心抛弃了她。自己的丈夫憨厚老实，没想法没主见，什么事都习惯听别人的，在家里很少发表意见，任何时候都不会冲到前面，就是一个十足的"窝囊废"。

她带着对梦中丈夫的憧憬步入了婚姻的殿堂，却发现原来丈夫与自己心中那个高大的男人形象并不相像。她不断地拿心中完美男人的标准来要求丈夫，把想象中养父的模样套在丈夫身上，并开始不停地指责丈夫，对他不作为的处事形式越来越不满。

梦晴越对比越愤然，这种不满的情绪致使她不断地否定自己的生活，也在否定丈夫。养父是一个榜样，他在梦晴的心里不仅厉害，甚至有那么点儿伟大。这似乎是她认为的一个完美男人的形象，其他男人无法与

之比较，尤其是她的生父和丈夫。老实懦弱的生父和敦厚木讷的丈夫，都不如自己的养父，也都不会像养父一样包容她、宠爱她，让她像一个小女孩一样无忧无虑地生活。而这些其实是她心目中对养父最美好的幻象，或者也是她内心期待的丈夫的完美形象。

可是现实却并不是童话，原生家庭的窘迫和生活的压力把梦晴封锁在困境中，让她无法自拔。母亲身体不好，她担心因为病痛再次失去妈妈；父亲懦弱无能，她希望自己能够通过努力改善家庭状况；养父含辛茹苦地把自己养大，她想用尽全力给养父一个安详的晚年。她就这样整天被焦虑裹挟着，一方面害怕亲生父母和养父生病离开，一方面又内疚自己的能力有限无法让家人更幸福。

在亲密关系中，往往会出现比较强势的一方和比较弱势的一方，强势的一方为了维护彼此的关系，总会通过各种方式来约束对方。久而久之，弱势的一方就会感到很累，因为他始终处在被支配的地位。梦晴的丈夫在整个婚姻中既被动又无助，梦晴的强势在一步步地逼迫他，最后他忍无可忍，作出了抵抗。

到这里我们可以看到，梦晴似乎总是面临很多困境，比如母亲生病、父亲无能、对养父的愧疚、对丈夫的失望。她就这样在持续的自我禁锢中困苦地生活着，她一方面想要更好地完善自己，肩负起照顾家人的重任，一方面又不断地责备丈夫的庸碌无能。但其实，这一切都是梦晴自导自演的一部苦情剧，她活在一个错误的观念中。她已经在不知不觉中，被亲生父母的软弱所控制了，妈妈带着病痛的沉重的脚步，爸爸无能又无助的面孔，对养父养育之恩的感激和愧疚，所有的一切都压得她喘不过来气。而这时，她又把自己所有的不幸都归结到丈夫身上，让他受指责，受委屈。

我希望梦晴能够找到问题的症结所在，也希望引导她找到进一步解决问题的方法，于是，我试着让她想象父母和养父就在她眼前，看一看他们到底希望自己怎么做。

　　我：我们面对他们。对他们说：我很累，但不知道怎么放下。

　　梦晴：我很想帮你们，但我很累，不知道怎么放下。（重复）

　　我：他们有什么回应？

　　梦晴：爸爸妈妈还是愁眉苦脸的，不接受。养父笑我傻。

　　我：你看到他们这个样子你有什么感受，你想对他们说什么？

　　梦晴：我不知道对爸爸妈妈、对姐姐说什么。

　　我：我们看看自己真实的想法，看看自己想怎么做？把自己真实想法说出来。

　　梦晴：还是不知道怎么去处理。

　　我：我们把这句话告诉他们，我们问问他们。问问养父，看看有什么回应？

　　梦晴：他说"做自己"。

　　我：想象"做自己"三个字出现在眼前，大声重复……

　　梦晴：做自己！（重复）

　　随着梦晴不断地重复着"做自己"，她的眼泪也止不住地从脸颊滑落。这么多年来，她始终纠缠在亲生父母和养父之间，纠结在与养父、生父和丈夫三个男人的关系之中，身上背负着重任，却又不想长大。她一面留恋着养父的呵护，不想长大，一面又被迫给自己施压，去肩负一家人的重担。她很困惑，不知道自己如何去做一个独立的人，没有办法脱离这三个男人，去树立自己的人格，这一切，都是她对自己的自我控制。

德国心理治疗大师伯特·海灵格（Bert Hellinger）经过30年的探寻和研究，发现并提出了家庭系统排序的心理学理论，它是心理咨询与心理治疗领域一个新的家庭治疗方法。海灵格通过现象学探究问题的引发根源，并呈现出隐藏在现实背后的影响因素，即为生命的自然规律。

通常来说，家庭序位法则指的是在家庭系统中，每一个成员拥有属于自己的顺序和位置。比如长幼尊卑、父母子女，等等，每个人都需要回归到属于自己的正确的位置上，父母和孩子各司其职，这样才能够使家庭长久稳定，使每个人幸福快乐。而当一个孩子长大成人自己组建家庭后，他的重心就应该慢慢地调整到自己的新生家庭中，如果不能很好地从原生家庭中剥离，也自然不可能好好地去完善和经营自己的小家庭。

软弱的父母，往往会忽视自己在家庭中本该有的位置，或将自己放在错误的位置上，或干脆离开和消失，就像梦晴的原生家庭。家庭序位的错乱对于孩子来说，有时会是致命的伤害，他们因此渐渐产生错误的认知，并最终形成整体人生的错位。最科学的解决办法，应该是回归正确的家庭排位。

在原生家庭中，最正确稳固的家庭关系，一定是父母双方互相恩爱，爸爸呵护妈妈，妈妈疼爱孩子，然后孩子们从大到小依次守护。爸爸要有爸爸的伟岸，他是力量的象征，是家里最坚强的顶梁柱；妈妈要有妈妈的柔情和坚韧，她是家里最温暖的太阳；孩子们要有孩子们的天真好奇，他们彼此守护，组成家族未来的希望。而随着子女渐渐长大，他们终将会组建自己的新家庭，这个时候父母要学会放手，成年的孩子也要学会从原生家庭中慢慢剥离，并带着父母的价值观、情绪状态、行为模式以及生活习惯，与新的家庭成员开启新的生活。

家之所以称为家，是因为它有家人的陪伴，有了陪伴和爱，家才是有温度的。在甲骨文中，"家"字的组成，是上面的房屋加上下面的猪圈，这样的组合非常形象地展现出古人家庭及部落生活的常态。"家"既有安居的房屋，又有稳固经济的家畜，而每一个家庭成员，也都应站在最正确的位置。蒙台梭利曾说："一个孩子的成长是生物遗传和生活环境相互作用的结果，每一种性格缺陷，都是由童年的不幸造成的。"家里的顺序乱了，人心就乱了，幸福也就随之逃跑。

做自己的主

在梦晴的案例中，很显然她摆错了自己的位置。她是父母和养父的女儿，是姐姐的妹妹，但在组建新生家庭后，她更应该是丈夫的妻子。在妻子这个角色上，她做得并不优秀。她承认，自己从未正视过丈夫，心中始终对他有不满，有轻视，有一种高高在上的傲慢感。她被自己所谓的焦虑情绪控制着，把更多的精力和时间放在了原生家庭上，从而忽视了自己的这个小家。当她了解到这一切后，才明白原来自己在丈夫面前，从来没有谦卑过，没有放低过自己，更没有真正体会过丈夫的感受。在这个新生家庭中，自己太傲慢了。

于是，我试着让她进一步去寻找解决的办法，接下来，我们应该如何脱离原生家庭的纠缠，去迎接新的生活呢？

我：我们在不断重复"做自己"的过程中，出现什么画面？

梦晴：一家人面前出现了分割线，自己跟老公在一起，我向他道歉，谦卑，放低自己。

我：看看老公是什么表情？

梦晴：很得意。

我：我们每重复一遍，就放大一遍这三个字……

梦晴：很得意，做自己。（重复）

我：看看重复时有什么画面和感受？

梦晴：老公变成了大树，我变成一株藤蔓，我缠绕他的时候，很开心。

我：你缠绕他的时候，有什么感受？

梦晴：有一种幸福的感觉。

我：他有什么回应？看到他这个得意的样子，你有什么感受？

梦晴：我想依靠你。（重复）

我：他有什么回应？

梦晴：我愿意给你依靠。（重复）

我：你内心有什么感受？

梦晴：我的心乐开了花。（重复）

我：我们看看接下来我们该怎么做？

梦晴：脱离原生家庭的纠缠，好好爱他。

我：看看这样做老公的回应是什么？

梦晴：他又有动力了。

自此，梦晴在我这里的头两次咨询全部结束了。在我看来，她的问题已经得到了改善，状态也有了很大的改观。她不仅实现了自我情绪的释放，感受到了丈夫的力量，对原生家庭的整体观念也发生了变化。当她不知道如何回报家人而感到内疚时，她看到养父笑她，说她傻；当她说自己不知道怎么面对这一切时，她听到养父对她说，做自己。其实，家里人对她从来都没有什么要求，是她自己将这份"枷锁"牢牢地绑在了身上。

所以，我不断地让她重复，想象"做自己"这三个字出现在眼前，并将这三个字不断地放大，重复讲述了三次。这个时候，她脑海中出现的画面就是与一家人的分割线。当她坚定地站在丈夫身边，放下傲慢态度的同时，也就似乎看到了丈夫重新站起来、春风得意的样子。这一切，都代表了她正在从她与养父和父母的羁绊中走出来。

梦晴渐渐明白，父母亲并不需要她去报答，焦虑的情绪自始至终都是她自己的控制欲在作祟。不断地重复着丈夫"春风得意"的状态，重复着"做自己"的嘱托，都是为了让她找寻到更好的自己，从而认清当下，走向未来。在重复的过程中，她的感受也很强烈，她慢慢地觉得自己真正成为家里的小女人，依偎在丈夫的怀里，丈夫变得如此高大又有力量，她就这样依靠着他，心里乐开花了。此时，梦晴已经很好地与原生家庭、与自己的父母和养父告别，并深刻地认识到自己与丈夫之间所存在的问题。接下来，就需要她一点点去改变自己的观念，试着放下自己的傲慢，努力改善和疗愈自己，从而更好地经营自己的小家庭，迎接新的生活。

要知道，童年的大部分伤痕潜藏在人们的潜意识里，会在不经意间迸发出来。那些从小生活在温馨快乐的家庭氛围中的孩子，内心埋下的是爱、尊重和信任的种子；那些从小被压迫，毫无安全感的孩子，内心埋下的则是悲观、恐惧和懦弱的毒芽；而那些无能胆怯的父母自然很难养育出勇猛果敢的孩子，因为孩子们看惯了父母犹豫谨慎的模样，学会了遇事妥协，卑微又不自信，形成了一套类似父母的行为标准，并以此来要求自我。

梦晴是不幸的，因为她出生没多久就遭到了亲生父母的遗弃。但同时她也是幸运的，因为她有最宠爱她的养父，还有本性其实很善良的父母、姐姐和丈夫。错乱繁杂的原生家庭状态让她给自己施加了太多的责

任和束缚，从而使自己的内心非常的沉重和焦虑。而这时，作为心理咨询师，最需要做的就是帮助她找出痛苦和压力的根源，看清最真实的困境，并勇敢地直面创伤。

如果说常常被打压的孩子容易形成"习得性无助"模式，破罐子破摔，那么在懦弱逃避的环境中长大的孩子，则很容易恐慌和不安。同时，每一位孩子的内心都希望父母能够越来越好，但由于自己的能力所限，孩子们往往无法找到更好的方式改善父母的现状。他们一面不喜欢父母的软弱无能，一面在遇到困境时，用固定思维逃避和退缩，陷入自我否定和怀疑。久而久之他们会变得焦虑和不自信，会对父母产生很强的内疚情绪，认为是自己的无能才导致父母的不幸福，从而禁锢在与原生家庭的纠缠中，无法自拔。

心理学家班杜拉在发展心理学理论中曾提出儿童行为的社会学习理论，他说："儿童通过观察学习学会成长，即他们通过观察他人所表现的行为及其后果而进行学习。"也就是说，孩子的行为是通过观察父母的一举一动而学来的。原生家庭的作用之所以如此大，是因为在不断耳濡目染的过程中，孩子们学会了大人的待人接物和处世之道。

在咨询过程中，我常常能够感受到一些来访者内心深处的自责和愧疚感。他们总是觉得自己做得不够好、不够优秀，没有能力让自己的父母和家人过上富裕顺遂的生活。他们一心想要帮助软弱的父母，总会想：要是我再强大一点就好了，要是我能解决所有的事情就好了，要是我再努力一点就好了，却最终发现自己早已被超负载的重担压垮。如果一个孩子的肩上始终担负着整个家庭的重任，甚至把自己当成了家庭的救世主，那么他的一生该过得多么悲惨和不幸！

孩子的心理健康，与家庭结构、父母关系和生活环境有着密不可分的关系。那些从小没有安全感，没有父母的庇护，甚至因为父母的软弱而过早承担家庭重任的孩子，在成长过程中会比较孤僻和自卑，他们内心贫瘠，敏感而多疑。更重要的是，他们因为自己的能力不够强大，而对父母产生深深的自责和内疚。

软弱的父母，或许是懦弱无能的，或许是对孩子置之不理的，又或许是无力承受家庭责任的，不管是哪一类，只要情感上没有给到孩子足够的鼓励和信任，只要在孩子成长过程中无法提供强有力的后盾和支持，只要有意或无意让孩子感到压力和无奈的，都是不称职的父母。而所有这一切，都需要我们帮助来访者追溯到问题的根源，找到症结，才能对症下药。每一个孩子都应该活成他们本来该有的样子，他们天真烂漫，无忧无虑，他们嬉戏打闹，充满理想和希望。他们不用每天担心爸爸妈妈吵架，更无须害怕被他人遗弃或伤害，他们只是个弱小的孩子，不应该成为某个家庭的"拯救者"。

后 记

在头两次咨询后，我和梦晴后续又进行了三次咨询，为她解开了许多余下的心结。

咨询结束的两个月后，有一天傍晚，我正在整理一天的工作资料，突然听到外面有谈话声。很快，一阵急促的脚步声停在了我的门前，助理轻轻敲开门示意我来了一位客户。我刚想告诉她今天的工作结束了，请另约时间，门口就挤进来一个小脑袋。

梦晴就这样羞涩地冲我打着招呼，礼貌地问我是否有时间，我连忙招呼她进屋来。而她则转身拽进来一个男人，这个人高高大大的，黝黑

的国字脸，憨憨的，有点手足无措。进来之后，梦晴给我介绍，说这就是她那位老实憨厚的丈夫。我礼貌地伸手问好，谁知手一下子就被对方抓住了，他激动地用双手握着我的手，感动地说："冯老师，真的谢谢您！我，我不知道怎么表达我的心情，梦晴的状态和身体都在越来越好，我们的家越来越幸福了！我真的很感激，就想着一定要亲自来感谢您！"

我被夸得有点不好意思，急忙让他们坐下。从聊天中，我大致了解了梦晴最近的情况。咨询结束后，她始终在尝试与自己对话，也试着慢慢地跟自己的父母和养父"告别"，从原生家庭中走出来，寻找自己生命的意义。她让自己从原生家庭中一点点剥离，不再每天为家里的琐事和父母的未来担忧，而是把更多的重心放在自己的小家庭上。在跟丈夫相处方面，她慢慢地放低姿态，站在妻子的角度竟然也发现了丈夫不少的优点，两个人的关系越来越亲密。而有了更加亲密的夫妻关系后，丈夫的事业也越做越顺利。

如今，每逢节假日，他们会抽空去看望养父、父母和姐姐，一家人相处得很融洽。家里的每个人都有了自己的生活空间，梦晴竟神奇地发现，妈妈的身体状态越来越好了，爸爸渐渐对这个家、对妈妈更上心了，丈夫也变得越来越关心自己的父母和养父。她虽然看到了自己和原生家庭之间清晰的分界线，却觉得生活比过去更明朗幸福了。

后来，梦晴越来越关注自己的学习和成长，在那次会面之后，她常常与我们联系。最终，也很自然地加入了我们的团队，成为一名专业的亲子咨询顾问。如今的梦晴非常勤奋，也很用心，她认真地对待每一次课程，努力地帮助每一位客户。

在梦晴来到我们新异心理之前，经济上始终是面临着困境的，她虽然每天都在努力地工作，但仍然感到自己能力有限，不能给家里带来更好的生活。深入学习之后，梦晴发现，原来自己的经济观念受家人的影响很深。由于她的家人曾被卷入到亲朋好友为钱而起的纷争当中，便产生了类似"因噎废食"的心理，谈钱成了一件会"伤感情"的事，金钱也成了"容易引起是非"的东西。所以，这么多年来，在梦晴的生活中，她总是有意无意地回避金钱。

　　而现在，转变了对金钱的看法之后，梦晴在经济方面取得了很好的突破，无论在工作业绩还是自己的生活中，都有了不小的收获。去年年底，她开始利用自己所学知识，在网络上拍摄短视频，做一些直播课程。在短视频中，她会针对亲子、家庭、情感等方面的话题进行剖析和建议，效果非常不错，帮助了很多人，也收获了不少忠实的粉丝。看到梦晴一次又一次的蜕变，我感到既欣喜又欣慰。

　　每一个人的内心深处都藏着一个灵魂，它能帮助我们辨别是非，更能为我们指引方向。在这个世界上，性格坚毅的人数不胜数，他们有着最为强大的内心，不轻易动摇、不随波逐流、坚持自我、顽强地生活。但同样，也有很多人，即便他们已经长大成人，内心却仍然像个未长大的孩子，他们易怒、暴躁、遇事爱抱怨、凡事好指责，总是不能够很好地控制自己的情绪。即便我们的成长过程充满痛苦、被无视、被指责、甚至被抛弃，我们都要学会爱自己，珍视内心感受，学习自我疗愈。

　　所有的治愈，都是为了让人们学会肯定自我，更爱自我，并将这份爱延续到自己新生家庭中，带给爱人和孩子。有人说，天下的父母一辈子都在等子女的感谢，而每个孩子一生都在等父母的一句道歉。如果成年后的孩子始终没有得到父母的那句道歉，那就通过自我疗愈的方式，先在内心种出一朵懂得欣赏自我的美丽花蕾吧。不再执着于弥补童年的匮乏，不再被父母的过错摆布，才能成为最好的自己。

第三节
叛逆中年

孩子们最需要知道的是，他们对父母很重要，永远都被爱围绕。

——戴维·埃尔金德

每个人与生俱来就有着独属于自己的气质和气场。它看不见，摸不着，尤其会受到成长环境和教育的影响。当我们的心力被过度消耗时，会导致人格弱化；被强力压制时，则会引起形式不一的叛逆。弱化和叛逆，就如同心理反应的滞后性一样，未必会在事件发生的当下立刻显现出来，但却能影响深远。

燕玲在一个盛夏的午后来到咨询室，窗外炽热的阳光并没有为她姣好的面容染上温暖的色彩，在说起儿子带给她的苦恼时，她的脸更是皱成一团。

"十一岁的孩子了，还尿床，一尿就是一大片。"燕玲说，她尝试过十几种偏方，各种办法都想了。每天夜里，都要定上闹钟去叫儿子起夜，却还是治标不治本，每个月总有那么一两次，要整体换一遍儿子的铺盖。明明应该是男孩子最活泼好动的年龄，儿子晓军却沉默阴郁，很少出去玩，和爸爸、妈妈的交流也不多。

事实上，即使没有谈到儿子，燕玲的眉头也紧锁着，不到四十岁的女人，额间的川字纹已经颇为明显了。整个人的状态，如同一株被扣在玻璃容器里生长的植物，虽然上有阳光，下有土壤，却少了应有的舒展姿态。

燕玲在进行潜意识对话前，就给我打过几次电话。她通过朋友的介绍，来中和找到我，希望找到孩子尿床的深层原因。不过，约好时间后，她又开始犹豫，一个问题反复问上好几回，十分纠结，这一点给我留下比较深的印象。

这种纠结彰显出的不自信，究竟来自哪里呢？与孩子的尿床是否相关？在第一次的潜意识对话中，我就想尝试挖掘，但是，燕玲在婚姻里积压的愤怒超乎我的想象，于是第一次对话的大半时间，我们都在处理她累积的愤怒了。

愤怒的恶性循环

2008 年发生了很多大事，燕玲也在那年专科毕业。她参加省考，当年就顺利"上岸"，考进厦门某区的街道办事处，成了一名基层公务员。她以自己的努力，在这个举目无亲的城市中，获得稳定的工作，买下二居室的房子，在与丈夫相识三年多后，他俩步入婚姻殿堂。

经过放松引导后，我让燕玲回忆让她感到生气的事情，我以为她会谈及儿子晓军的尿床事件，但显然丈夫的影子在那一刻闯入她的脑海中。

她的声音一下子尖利起来，"我嫁给他真是瞎了眼了！他隐瞒我，是他找我，又不是我找他，我好后悔，怎么会看上他"。

那时，丈夫对燕玲的追求十分热烈，两个人有过很多浪漫甜蜜的时刻。燕玲所说的隐瞒，是指丈夫曾向她隐瞒自己的乙肝病史。燕玲说，如果早知道丈夫有乙肝，最初就不会答应与他交往。直到快结婚，燕玲才知道这件事。她非常生气，丈夫却没有一点欺骗她的内疚，反而振振有词，说燕玲是小题大做。丈夫的不肯认错，更让燕玲耿耿于怀。

不只和丈夫有争吵，燕玲与婆婆也有很多矛盾。在燕玲的描述里，婆婆起初对她是各种嫌弃，嫌她是外地人，说她的专科学历不够正规，还屡屡阻挠儿子和燕玲交往；二人的婚期确定后，婆婆又拖着不肯给儿子买婚房。

燕玲的五官清秀、皮肤白皙，时间倒退回十几年前，更是个不折不扣的美女，她的工作又很不错，应该不乏追求者。那么，是什么理由让燕玲在婆婆的阻拦下，依然决定和丈夫结婚的呢？是因为丈夫能满足燕玲心底里的某些需求吗？我问出这个问题。

事实是在婚前，燕玲就后悔了。她反复考虑过，觉得这场婚姻不合适，想分手，却因为两人相处了好几年，家人、同事、朋友都知道自己要结婚了，所以，尽管她有委屈、有不忿，却始终没有下定决心提出分手。由此可见，纠结和犹豫，是她一贯的特质。这时，我产生疑问，这个纠结来自哪里，她是个完美主义者吗？或者有别的原因？

说起婚姻，燕玲的伤心和愤怒随着她的眼泪如泉水般汩汩地涌出，顺着脸颊滑落。她一遍遍地说"很后悔""很失望""很难受"，重复了几次后，情绪的阀门仿佛被拧大了一些。

我专注聆听她的情绪，同时观察和评估她的情况。她的嘴唇颤抖着，右手握拳，捶打着自己的胸口，声泪俱下地质问："为什么你要骗我?""为什么你骗了我又不珍惜我?""你为什么要这样啊?"

燕玲的丈夫虽然爱发火，与她时常吵架，但是对家庭有责任心，不抽烟、不酗酒，跟异性相处的时候也很有分寸，从来没有丝毫逾越之举。这样来看，燕玲的情绪激烈程度超乎正常。当我让她在想象中将丈夫变成蚂蚁时，她怒火喷薄，在躺椅上气呼呼地蹬腿，仿佛踩了丈夫很多脚一样。

燕玲之前想过要改变夫妻间总是冷战的状态。她回忆起自己给丈夫发信息沟通，想改善关系，不想将彼此的力量都消耗在争吵上的情景。

丈夫的回复是："你只要不吵我，我们就会好好的。"像往常一样，他将问题推给了她。

燕玲承认自己的确爱生气，平均每周和丈夫都有那么两三次的不愉快，说到这里她有了疑问："冯老师，你说，我怎么这么容易生气啊? 有时候气完了自己也觉得事情不大，可是事情发生的时候，就感到血一下子就涌上了头，整个人立刻就爆了。"

这一点很容易理解。她的心里压抑着的情绪能量可真不少。从恋爱时被婆婆嫌弃的委屈、到被骗时的愤怒，再到嫁给丈夫时的勉强，又加上婚后对丈夫的不满，这些早已积蓄成了一个偌大的"火药库"，当然是一点就着。

她一生气，声音会拔高，丈夫没耐心，马上就烦。于是，燕玲就更陷进悔不当初的懊恼中，又变得更加愤怒，简直成了一个恶性循环，负面能量越积越多。尤其是婆婆在的时候，她更是无法遏制自己的脾气。

"一个人的想法和行为，并不是由他人对他的真实看法决定的，而是由他认为的其他人对他的看法决定的。"显然，燕玲的愤怒正在验证这句话。她在夫妻关系中的自我角色认同中，将自己放在被欺骗、被错待的

位置上，任何不愉快的事情发生，她都会自动将其解读为丈夫的刻意伤害，往这个方向归因，愤怒几乎是必然的。

燕玲："我和老公当着孩子的面，还是会尽量压着脾气的，如果我婆婆不在，我一般就能控制住，顶多和他呛两句。这种争执对孩子的影响不大吧?"

我很肯定地告诉她，父母的争执无论是否在孩子面前得到了控制，影响都很大。父母关系的不和谐带给孩子的压力，超乎很多人的想象。不只会影响孩子的安全感，还可能会让孩子降低自我评价，以及学会用发脾气来解决情绪问题，还可能引起孩子其他行为上的问题。

事实上，即使妈妈压抑住愤怒，孩子还是能非常清晰地感知到妈妈的情绪。那些被尽力控制的脾气，无法逃过孩子敏锐的感觉，究竟是真的情绪稳定，还是假的故作平静，孩子比大人更懂得如何分辨，如果把小孩子比喻成向日葵，妈妈就是他的太阳。太阳被乌云遮住，始终朝向它的向日葵，如何会看不到?

当父母的情绪和行为表现不一致时，除了会让孩子心里不安，还会让他们下意识模仿。孩子们会以为负面情绪的产生都是错误的，需要否定和压制。一旦孩子开始压抑情绪，对于他们来说，心理消耗就发生了。

所以，对话进行到这儿，我判断，燕玲的儿子存在压抑情绪和心理消耗，只是不知尿床与这些的关联度有多大。不过，接下来，燕玲的愤怒又指向了她的婆婆。

火并中的婆媳

在燕玲的印象中，婆婆向来自诩为知识分子。那个戴着金边眼镜、留着短短的卷发，瘦削刻薄的老女人，整天拿着一纸文凭就觉得自己了不起。不只嫌弃燕玲的第一学历是专科，还评价过燕玲的父母就是没有文化的农民，只会种地。婆婆总是颐指气使，居高临下地指点着小家庭的很多事情。婆婆不只把很多压力和负能量传导给他们的小家，还常常在丈夫面前说她素质不高，性格强势，总之是各种说她不是。

婆婆是夫妻俩争执中最经常出现的那根导火索。最近的一次争吵，也是与婆婆有关。那晚是婆婆帮忙接孩子，留下来吃晚饭。通常一家三口的座位排序，是爸爸、妈妈面对面，各占据长餐桌的一边。每次婆婆来，丈夫就把自己的位置让给婆婆，坐到燕玲的旁边。

就在丈夫起身去厨房给孩子拿微波炉里的食物时，燕玲刚好到餐桌边坐下来，就坐在丈夫平时坐的位置上。丈夫回来后，说了句"干吗坐我的位子？"

无意的一句话，却让燕玲瞬间爆发："我为什么不能坐？这本来就是我的位子！"

可是，那天丈夫却一句也不肯让她，偏说自己先坐下了，要燕玲挪地方、换位子。两个人唇枪舌剑，你一句我一句地互相对呛，婆婆就在对面翻着眼睛看。燕玲的心里认定丈夫是因为有婆婆在，不想塌面子，所以才格外强硬。

"这里是我家，我想坐哪里就坐哪里，谁也管不着！"这句不客气的话在燕玲的舌尖打了几个滚，最终忍住了。但是那一刻，她的心里十分憋屈，在我们的潜意识对话中，她回想到这个场景时，一口气重复了四十多遍"这里是我家"，还让婆婆"滚出家门"。

在传统的心理疗愈中，咨询师通常毫无引导，会让来访者想到什么说什么，那样能够让来访者更好地自我觉察。但是动辄几年、十几年的

长程咨询，对于不停切换着生活场景的现代人来说，实在太久了。所以，我在潜意识对话中，会根据来访者的情绪卡点往上溯源，引领他们进入到潜意识里，释放他们压抑的痛苦。

我的指令在燕玲的愤怒情绪这部分停留了很久，引导她尽情宣泄。很多平时绝不会从她嘴里说出来的话，在那一刻无比顺畅地流淌：

"不要把这么多压力带给你儿子，让你儿子活得轻松一点吧！

"我不要见到你！你自己过得不好，也不让你儿子安生！

"我讨厌你来我家，我的老公我自己会照顾，别再给他弄乱七八糟的东西吃！

"你离我们家远点！你给我滚！"

随着咨询的进行，我感到自己在逐渐接近燕玲愤怒的核心。第一层的愤怒，指向丈夫对她不耐烦的态度，再深一层的愤怒，则源于丈夫对婆婆的服从。当丈夫对婆婆唯命是从，面露难色地咽下婆婆拿来的补品，被婆婆的语言影响，燕玲感到自己的生活也被控制了。那么，这一层的愤怒之下还有什么呢？

当燕玲的愤怒慢慢散去，情绪平复后，我引导她想象婆婆在自己眼前，在柔和明亮的光线中，面向婆婆，看着婆婆瘦削的脸，与婆婆和解：为过往的错误道歉，请求原谅；恳请婆婆照顾好她自己，诚挚地表达自己也能照顾好小家庭；感谢婆婆生养了丈夫，抚养他长大，感谢婆婆照顾自己和孩子；也请婆婆放心，自己也能像她那样，照顾好丈夫和孩子。

燕玲跟着我一句句地念，她有点不忿，也很不解，忍不住分辩说，其实婆婆对孩子的照顾很少的。

我解释道："通过远离或者反抗的方式来摆脱原生家庭的控制和影响，都是难以实现的。做好与父母的分离，才能活出自己。分离既要化解伤害，也要放下痛苦。人与人之间爱恨纠葛的形成，不只在于彼此间发生过的往事，真正的'催化剂'，则是我们往往不曾察觉的、来自内心的酝酿。想要化解、放下，就要接纳和原谅，试着先用心感恩，接下来才有机会各自安好。"

燕玲听得似懂非懂，抿了抿嘴唇，若有所思。

接下来，她十分配合，想象自己牵着丈夫和儿子的手，向公婆深深鞠躬，跟着我念道：

"我尊重你们的相处模式，尊重你们的婚姻模式，尊重你们的生活习惯，也尊重你们的命运。

"如果我们的婚姻模式、命运模式和你们不一样，请你们允许我们吧，请你们祝福我们吧！现在你儿子和我都长大了，我们要离开你们去经营我们的新生家庭了，我们会用幸福、丰盛、富足、健康的人生来回报你们。请你们祝福我们吧！"

她在画面中，与丈夫、儿子一起接受了公公、婆婆的拥抱，我则代替燕玲的公公、婆婆讲了一段祝福他们的话，燕玲神情安静地倾听并回应。

燕玲与丈夫和儿子也有一段在想象中的对话。与丈夫对话的主题是重新开始，既往不咎，在夫妻关系中以爱为联结；与儿子的对话，则是对他的肯定与祝福，她对儿子说："你的身体是完美无缺的，请你早日放松心态，快乐成长。"

那天结束咨询时，燕玲缓缓睁开被泪水洗过的眼睛，眉目舒展的面庞上，绽放着明亮的微笑。她说，和公公婆婆告别后，仿佛有种新生的喜悦在胸口处溢满。后来她反馈说，当情绪被释放后，惯性思维模式似乎也随之瓦解，回家后再听丈夫说话，看到丈夫和婆婆的举动，她换了一个视角解读，想气，也气不起来了。

不敢睡觉的孩子

觉知分为两个方面，分别是觉与知。觉是感触的过程，需要敏感度；知是收受的结果，需要接纳能力。我们在生活中处理很多事情时，常会习惯于头脑上的判断，忽略了感性上的觉知。当我们习惯于压抑自我感受，觉知能力也会慢慢退化。在潜意识对话的过程中，来访者的觉知能力会随着对话的深入得到提升。

比如在燕玲第一次来到咨询室时，我问她，在孩子尿床时，她有什么感受，孩子又有什么感受，她给我的回答是都没什么感受，就是马上换床单，泡进水里，心里就能好过点。

而第二次对话，燕玲的觉知力明显在复苏。在无数个天色微亮时，她一翻身，摸到湿漉漉的床单，多了很多情绪。

我再次让她看看儿子在尿床之后的表情。燕玲这次的面前出现了画面，这是她第一次在自己烦恼之外，留意孩子的表情。

燕玲说："他抱着胳膊，站在角落里，刚开始，脸上会带点歉意地说又尿床了，后来，他好像也挺生气，他的心里在说，'我就是要尿床'。"

当燕玲说出"我就是要尿床"这句话时，明显带出与自己不一样的气质特点，那一瞬间，她仿佛就是个负气的孩子。

我：你听到这句话有什么感受？

燕玲：我很生气。

我：回到更早一点，孩子尿床后会怎样？

燕玲：我很生气，一家人都很生气，他外婆会打他。

儿子晓军三四岁时，尚未与父母分床，三口人睡在一张大床上。每次在半梦半醒中摸到湿漉漉的床单时，燕玲都会瞬间清醒，她一骨碌地翻身起来，推搡着将儿子从酣睡中叫醒，撤床单，换铺盖。

丈夫也被迫醒来，揉着眼睛，狠狠地呵斥着站在墙角的儿子，假使外婆看到孩子尿床，就会拎起孩子，在他的屁股上"啪啪"拍上几巴掌。

我：外婆打他，他有什么感受？

燕玲：他痛啊，又哭又叫，说不敢了。他爸爸也会凶他，打骂完了，他会一两个晚上不敢睡，怕尿床，后来我就跟他说想睡就睡。

我：他会很紧张吗？

燕玲：会啊，他很紧张很害怕。

我：看看他的表情，留意他的眼神，感受他的心情是怎么样的？

燕玲：心情就是怕挨揍、怕被骂。不敢放心睡。

我：他很害怕，是吗？不敢放心睡，是吗？

燕玲：不敢放心睡，很害怕。

过往这些年，燕玲从来只是站在大人的角度来评价尿床事件，从未深入孩子的内心，体会孩子的心情。在我的引导下，她看到弱小的儿子，光着脚站在床尾，带着羞惭和愧疚，想哭又不敢哭，既害怕大人的怒火，又担忧不再被爱。这害怕和担忧，形成这个小孩子生命中的一个重要恐惧，让他从清晨背负到夜晚，连睡觉时都放不下。

燕玲喊出孩子的心声："我不敢放心睡，我害怕！"

随着声音越来越大，她的表情惊惧，泪水滂沱。哭泣中，她一遍遍地重复，"外婆我不敢放心睡，爸爸我不敢放心睡啊"，"妈妈，我不敢放心睡，我不敢放心睡！"燕玲的声音里充满委屈和无助，如同回归到幼年

的孩子，她上气不接下气地哭泣了许久，才抽噎着慢慢恢复平静。

在重复中，燕玲感受着孩子被家里所有大人粗暴对待的惊慌和恐惧，感受着孩子因为尿床从梦中被叫醒时的茫然失措。她感受着孩子被爸爸、妈妈劈头盖脸地训斥时的委屈，感受着孩子被外婆打时的逃避愤怒……她代替儿子喊出来、哭出来，分辨不同的情绪，释放积累的痛苦。

她理解了孩子的痛苦后，对尿床事件就有了新的想法，主动问我，是不是孩子尿床后，越打他骂他，他就会更紧张、害怕？会不会就因为紧张和害怕，所以，更容易尿床？

对于燕玲的领悟，我没有给她直接的答案，而是给她讲了情绪和潜意识的关联。情绪也是潜意识的一种语言，我们的意识在很多时候正是通过情绪来接收到潜意识的表达，比如潜意识感到危险，于是产生害怕的情绪，这个害怕被意识接收到，于是更加小心；反过来，潜意识也会记住你的情绪，当正向的情绪进入潜意识，它会正向调节身心；而如果负面情绪长期萦绕，潜意识会将负面情绪和错误行为联系在一起，形成某种条件反射。

被称为儿童第三大创伤事件的尿床，带给孩子的痛苦，仅次于父母离婚和吵架。燕玲的儿子晓军怕尿床，甚至不敢睡觉，但是强烈的负面情绪和尿床反而更加紧密地联系到一起，越担心，越焦虑，越想尿床。

这次谈话的最后部分，我安排燕玲在回忆中构建一个新的场景版本，重复而不重演，在她的潜意识里，改写出新的意象。

我：现在能不能看到儿子尿床后的表情？

燕玲：好可怜啊，孩子好可怜啊！他受了这么多的罪，都是我不好。

我：面对儿子跟他说，妈妈对不起你，请求儿子原谅。

燕玲：儿子，妈妈对不起你，是妈妈不好，妈妈对不起你。

"对不起"三个字刚出口，燕玲就剧烈地咳嗽起来，脸涨得很红。燕玲的这种生理反应，在十几次深呼吸后，重归于平静，不必我引导，她就对着想象中在她眼前的儿子，说出一串道歉："妈妈在学习，妈妈在进步，妈妈一定会越来越好的，妈妈对不起你，你原谅妈妈好吗?"

我：我们能不能看到孩子的表情?

燕玲：孩子想哭。

我：告诉孩子，想哭就哭出来，哭是被允许的。把孩子抱到你怀里，温柔地看着他，跟他说，宝贝，你想哭就哭吧。

燕玲：宝贝，想哭就哭吧。

我：我们来看看孩子，现在他怎么样了，在哭吗?

燕玲：他哭了。宝贝，妈妈对不起你，请你原谅!

我：你还抱着他是吗?感受下他的心情是怎么样的?

燕玲：他叫我别哭了。

我：他的心情怎么样了，原谅你了吗?

燕玲：不知道，他说他要走了。

燕玲又一次出现了生理反应，一个接一个打嗝。打嗝是好的，来自身体的反应都在告诉我们，储存在她躯体里的情绪被触动，正在以打嗝的方式释放，这些都是好的现象。道歉之后，燕玲需要得到儿子谅解，所以几分钟打嗝状态过去后，我们继续处理这个"结"。

我请她叫儿子过来，牵着儿子的手问：宝贝，你想妈妈怎么做?

燕玲这会儿终于听到孩子回答，孩子躺在她的怀里，说："不要骂我，不要打我，不要大声跟我说话。"

燕玲温柔地保证：妈妈不会再骂你，也不会再打你。

我：我们体会一下，他的心情怎么样？

燕玲：他笑了，他说原谅妈妈。

尿床事件带给孩子的伤害随着她的忏悔、道歉和温柔承诺，在慢慢消散。这一次的对话效果更加明显。燕玲反馈说：儿子明显愿意和她亲近了，放学后，竟然主动到厨房找妈妈，给她讲学校体育课上发生的趣事，说到高兴处，母子俩哈哈大笑。

神奇的是，当燕玲决心再也不为孩子尿床而生气发火时，孩子竟然连续半个月都没有再尿床。

控制与叛逆

再一次的潜意识对话，我将疗愈的重心放在家庭关系中：燕玲与原生家庭的关系、与丈夫的关系，与自己的关系。之前的两次对话中，燕玲略有提及自己小时候有被妈妈打的经历，所以，我主观判断，她的童年有需要疗愈的创伤，事实证明，我的推测非常正确。

燕玲的妈妈在很多方面对孩子要求都很严格，燕玲的童年虽然在农村度过，但很少有机会像别的小伙伴那样，在田里疯跑，在河里撒欢。妈妈习惯说的一句话，就是"女孩子，别疯疯癫癫的"。令她印象比较深刻的几次挨打，多是因为贪玩。

燕玲回忆起一个春天的傍晚，风暖洋洋地吹，路边野花烂漫。燕玲与同学放学后在路边的沟渠旁折纸船，多玩了一会，直到天空变成青黛色，才想起来要回家。她赶紧撒开腿往家跑。她跑得很快，书包在奔跑中不停地打在腿上，当她上气不接下气地刚推开院门，妈妈已经阴着脸、叉着腰，在院子里等候多时了。

妈妈抄起笤帚，对着燕玲的大腿就是一顿抽，一面打，一面恶狠狠地说："让你不长记性，又玩到这么晚回家，下次再晚了就不要回来了！"燕玲边哭边躲，连声说"不敢了！"可是妈妈的笤帚挥舞得更快了。

燕玲说："我那时不过七八岁，街坊邻居家的孩子都出去玩，都没有我听话，我还要帮她做家务活，可还是常常被她骂，说我这儿没做好，那里没做对。"

小时候的燕玲总觉得，妈妈的背后也长了一双眼睛，时刻盯着她的一举一动。一旦哪里有失误，或者动作慢了一点，妈妈都能立刻发现，皱着眉头，不耐烦地纠正她。在妈妈的注视下，她感到无所适从，什么都做不好。

谈话进行到这里，燕玲的纠结、犹豫就有了答案。当妈妈盯着燕玲的一举一动，总想在第一时间纠正孩子的错误，教她按自己的方法做事时，本质上，就是对她的一种控制。

"控制"的词义是，掌握住对象不使其任意活动或超出范围。而很多家长们爱的表达，正是以控制的形式进行的。孩子在婴儿期没有自理能力时，父母无微不至地照料，可以及时满足他的需要；但随着孩子的长大，父母如果不能适度放手，则对孩子的自信心和自我效能发展形成负面影响。

美国教育心理学家桑代克有个关于学习的论述——"试误说"。他通过"饿猫实验"，证明动物的学习是一种渐进的试错的过程。在这个过程

中，错误的反应逐渐减少，正确的反应最终形成。孩子的学习成长也是如此，就是通过不停地犯错，学到正确的做法。在错误中积累经验，在尝试中积攒信心，所以，这才是一个孩子成长和自我完善的过程。

妈妈的控制，让燕玲变得敏感、自卑。要知道，孩子的自我评判正是通过重要养育者的评价形成的，在孩提年代，妈妈作为燕玲心里最重要的人，对她的行为总是各种否定，她当然会对自己充满怀疑，继而影响到自己核心人格的形成。

所以，咨询之初，燕玲留给我的纠结的印象，根源就在她母亲过强的控制欲里。到了恋爱、择偶的阶段，这种性格特质再一次左右了她的选择，让她患得患失、瞻前顾后，始终没有正视内心真正的需要。

同理，燕玲对婆婆强烈反感，根源也在这里。从小在控制下成长的孩子，内心累积着愤怒和委屈。这样的孩子要么到了青春期格外叛逆，要么在青春期也依然压抑，那是因为她的自我意识未得到足够的发展。不过，被压抑的终要爆发。

有一天，孩子成年了，走入婚姻，心底的旧情绪在新的关系中被某些情境触发，将不受控地浮现。所以，燕玲对婆婆的愤怒，正是源于童年时对妈妈的反抗。婆婆每每对小家庭的事情提出建议和想法时，都被燕玲当成了控制和干涉，于是，童年时没有机会流露的反抗和愤怒，在那一瞬就朝向了婆婆。可是，内心里停不下的攻击，在现实里又要下意识地压抑，毕竟在她的观念里，对老人大吼大叫是不对的。于是，这个常常处于心理内耗焦灼中的女人，脾气就变得很大，一点就着。丈夫是她的第一发泄对象，儿子是第二个。

我现在要引领她在潜意识中，完成与爸爸、妈妈的和解，接受祝福。我先让她想象爸爸、妈妈的形象就在自己眼前：

燕玲：爸爸不高，平头，皮肤黑黑的。

我：妈妈长什么样子？

燕玲：眉毛很淡，头发很少，嘴唇很薄，脸上有皱纹。

我：我们看看妈妈脸上的皱纹，摸摸妈妈脸上的皱纹，可以感受到吗？

燕玲：我看不到他们，不过能想象出来。

我：那我们来想象妈妈的眼睛是什么样子的？

燕玲：小小的，很明亮。

在潜意识情景对话中，燕玲看着妈妈的眼睛，牵着爸爸妈妈的手，在我的引领下，跟他们说了一段话："你们是我最正确的爸爸妈妈，感谢你们养育了我，你们辛苦了，我尊重你们的相处模式，尊重你们的婚姻模式，也尊重你们的命运。如果我的婚姻模式、命运模式和你们不一样，请你们允许我，祝福我。现在我长大了，要离开你们了，我要经营我的婚姻家庭，我会用美满、丰盛、健康、富足的人生来回报你们！"

燕玲在想象中拥抱了爸爸和妈妈，感受着父母手心的温度，听我代替他们说出的祝福："孩子们，我允许你们的婚姻模式、命运模式和我们不一样。你们一定会拥有美满、健康、幸福、丰盛的人生，你们已经长大了，勇敢地去拥抱自己的人生吧，我们祝福你们！"

潜意识中，爸爸妈妈用手掌去触摸她的背部时，她感受到了他们给的力量，她看到了开阔的道路笔直通向远方的蓝天大海，感受到微风荡漾，阳光明媚，她坚定地向幸福快乐的人生迈步前进，舒适开怀。

我继续引领着燕玲和爸爸、妈妈沟通，一是请他们放心，向他们表达她有能力经营好自己的小家庭，请他们允许她安心做自己；二是向他们告别，感谢来自他们的祝福。这个过程也是反复的，我要通过这样的

反复，来确定来访者的心理创伤修复是否完成，让来访者真正实现心灵上的自由。

谁痛苦，谁改变

我请燕玲想象丈夫在自己眼前，先处理与丈夫过往的负面纠缠。为自己生命中曾经做错的事情诚挚道歉，请求原谅，既往不咎，重新开始。

我：我们再看看老公的表情！

燕玲：他说我可能改不了。

我：嗯，很好。我们再跟他说话好吗？跟他讲，我从改变我自己开始，我在学习，愿意改变。

燕玲继续跟着我念：我感谢你跟我养育了一个这么好的孩子，我们的孩子很优秀，我从改变我自己开始，如果我不改变，孩子以后会自卑，如果我改变了，孩子以后就是阳光少年。

燕玲在重复中，忽然停下来，她说："我是想让儿子成为阳光少年，我的脾气不好，我来改，但我老公欺骗我，他也有错，为什么要我来跟他道歉呢？"

为什么呢？这个问题不应该由我来回答。我只告诉她，同样的创伤，在孩子的童年期留下的心理阴影和负面情绪远比成年后留下的问题大得多，在父母关系紧张的家庭中，最大的受害者就是孩子。时间不会停下来等待你们慢慢修复关系。改变永远是越早越好。

我：我们再看看，如果这样相处，五年之后会怎么样？

燕玲双手捂住已经闭上的眼睛，沮丧地说：日子越过越没劲，家里的每个人都阴着一张脸，儿子和谁都不说话。

　　沉默了一会，她终于承认，自己只是放不下面子。美国心理学家马克斯·大卫说过："自卑者把他的胜利和挫折都归咎于别人。"所以，当燕玲终于承认自己在婚姻中的问题其实更大时，那弥漫在冰山底层的自卑再次松动。

　　燕玲轻声说："当我有机会走进这间咨询室，也许是命运在提示，我可以成为更早觉悟、先改变的那个人吧。"

　　随着一层又一层的情绪被掀开，大大小小的情绪卡点如同被河流裹挟的气泡，随着水流，悄然迸裂。燕玲无需我的带领，就领悟到潜意识释放在现实中的意义。她主动对自己说，清理了负面情绪后，就不再重复过去的思路，掉进同一个坑洞。

　　这就是咨询工作带给我的价值感。虽然是预料之中的结果，但来访者依然时时带给我欣慰和感动。我喜欢看到他们整个人状态的改变，在探索自我后，心灵上的成长和领悟，就如同阴霾散尽的天空，阳光在瞬间洒满每个角落。燕玲和我讲话时，没有了先前的表情迟疑，多了一丝干脆。那一刻她松弛又笃定的样子，让我知道咨询进行到尾声了。

　　最后，我们再次回到最初的问题，让儿子被消耗的心力得到补足，让这个孩子的生命之树焕发勃勃生机。在这部分，燕玲会在潜意识中，拉着丈夫的手与儿子在未来相遇，给予儿子最好的祝福。

　　我：我们看看，当夫妻关系和谐，大家都和孩子好好说话，愉快地

相处，看看我们五年之后的家会怎么样？

燕玲：越来越甜蜜。

我：能看到什么画面吗？

燕玲：一家人开开心心地吃饭，儿子成了阳光少年，他很优秀。越来越优秀。

我：所以心情怎么样？

燕玲微笑道：就是心情很好啊！

我：很好！我们继续跟儿子对话，好吗？跟儿子说，妈妈以前做错的事情，请你原谅。你是妈妈的宝贝，你的身体是完美的，你可以自己恢复健康，有害怕的事情跟我们说出来。不要担心、不要恐惧，你是正常的阳光少年，我们这样跟他说话，看看十年之后他是什么样子？

燕玲迟疑地：好像是成了国家重点人才了，对社会很有用的人。

我：他长什么样子？

燕玲笑得合不拢嘴：又高又帅，又健康又开朗。

我：他的琴弹得怎么样？

燕玲：他更爱弹琴，嗯，字写得也挺好，画画也不错，运动也挺好，爱运动所以长得高！

燕玲在潜意识中看到的美好情景，会定格为她心中永恒的画面，给这个家庭带去美好的祝福，让她拥有美好、丰盛的感觉，以积极暗示给孩子未来的人生渲染上明朗的色彩，成为这个家庭的理想画面。

后 记

燕玲的咨询告一段落了，三个月后，她在电话那头欢喜地告诉我，儿子晓军两个月没有尿床，在小区里还结交了两个一同去上学的好朋友，她与婆婆的关系也缓和了许多。

燕玲的改变给这个家庭带来新生的能量，让孩子底层的生命力得以充分绽放。这个世界上，依然还有很多家长只重视孩子的身体状态，他们在育儿论坛热烈地讨论如何给孩子补脑、补钙、补微量元素，但是对于孩子心理能量的补充，却不了解、不重视。

刻意的冷淡会导致孩子安全感缺失；过度担忧会降低孩子的自我评价；溺爱让孩子无法真正长大。有些家长用自以为正确的教育方式，消耗着孩子的生命能量，给孩子的童年留下很多心理阴影和负面情绪，自己却毫无觉知。

在快节奏的生活中，在消费至上的大环境下，当父母们因为各种原因，处于负面的情绪当中时，更要有觉知力，在亲子关系里做到对孩子积极关注，好好说话，建立规则，以爱赋能，这样，孩子才能在正能量中，更好地成长。

第四节
被错种的花

通过古人的智慧对孩子"因材施教"，让我们的孩子自在地绽放。

——李新昇

中国古人告诉我们，阴阳有消长，五行有顺逆，还有句老话："一物降一物。"父母与孩子之间的关系也是如此。所以智慧的父母会从认识生命、了解孩子开始，他们会读懂孩子的脾气性格，发掘孩子的天赋并顺势引导其发展，尊重孩子本自具足的内驱力。

一颗种子刚到我们手中时，其实看不出最终会开出什么花。同样，孩子们能成为怎样的人，也没有几个父母能够真正预见。长成大树还是小草，首先是种子决定的，西瓜再小也比芝麻大，苹果树结不出木瓜。其次才是看环境，假使阳光雨露充足，一颗种子自会萌芽、长大、开花。

现实世界中，如果有人因为喜欢苹果，拿到任一颗种子就想种出苹果来，结果发现长出来的是西瓜藤，不只嫌弃，还企图让西瓜藤长出苹果，我们通常会认为这种想法愚蠢可笑至极，但是同样的状况在很多家庭的教育观里却屡见不鲜。

小静的故事，正是这样一个无比真实的案例。

美丽的误会

看到小静的第一眼，我想起了戴望舒的《雨巷》，那个"丁香一样的，结着愁怨的姑娘"。虽然她穿的是青竹色的丝质长裙，不是丁香的颜色，但始终轻蹙的双眉、紧紧抿着的嘴角都流露出"丁香一样的忧愁和哀怨"，她坐在等候区的单人椅上，低头翻看一本书，视线落在书上，却很久没有翻页，显然思绪已经飞远，丝毫没有留意到我正向她走近。

我将小静请进咨询室，她坐到沙发上，挺直的腰和脖颈，交握着攥紧的双手，显得格外拘谨。她飞快地抬眼看看我，又挪开视线。

我没有马上切入咨询，而是说起她穿的裙子。青竹色，有隐约的团花暗纹，绿得很含蓄；款式看似简单，没有以褶皱收腰，但随着她的走动，带出一点古风禅意。

我的话瞬间点亮她那双温柔的杏眼，笑意在她的唇角倏而绽开小小一朵。她告诉我这是用两条同色的丝巾做的，"当初看到这款丝巾的颜色，就觉得做裙子好看。于是跟着网上的教程，量好尺寸一步步裁剪，缝起来就行了，很简单的"。

我竖起大拇指给小静点赞，夸她心灵手巧。她的眼帘垂下去，露出不好意思的微笑，"我也就在家里做点家务还行，做做饭、裁件衣服，其他的什么都干不好"。

她的自我认知让我有点讶异，什么都干不好？莫非，这又是一个小

时候被严厉管教，打压了心气的姑娘？这类人通常是外柔内刚，做事会比较有耐力、富于钻研，拥有乐于奉献的性格。我带着猜测，开始咨询。

小静最初寻求帮助的原因，是想排解失恋的痛苦。她说："冯老师，自从知道他竟然结婚了，我觉得天都塌了。"才说完这一句，她就哭了出来，眼泪扑簌簌地滑落，哽咽着继续说，"他什么都没和我说，一个招呼都不打，就和别人举行了婚礼"。

听起来，小静是遇到了负心汉，那个男人移情别恋后一声不吭地辜负了她。可事实却完全不是这么回事，随着她的讲述，我慢慢还原出这段让她痛苦到几天几夜无法入眠的、其实从未开始的恋情，这根本就是个"单相思"的故事。那个"他"是小静高中时代的体育委员。

咨询中，我让小静闭上眼睛，描述眼前所看到的画面时，她的脸上虽然泪痕盈然，神色间却浮现出向往。

小静：我想念上高中的时候。那时的天特别蓝，树木、小草，还有花坛里的灌木都很绿，我看见了那栋教学楼。

我：还有些什么人？

小静想了很久说：看不到。

我：当时你自己穿什么衣服？

小静：白色衬衫，黑色西裤。是学校的校服。

我：还有什么？

小静说出了那个男孩的名字，他的形象在小静的描述中几近完美。英俊挺拔、热情开朗，和谁说话都笑眯眯的，他喜欢运动，在球场上奔跑、运球、投篮，是自由如风的阳光少年。

小静总是悄悄地用目光追逐他的身影，寻找每一个和他不期而遇的

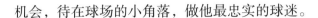

机会，待在球场的小角落，做他最忠实的球迷。

我：他穿什么衣服？

小静：球衣，黄色和蓝色相间的球衣。

我：当时发生了什么事情？

小静：在打比赛，他投进了很多球，每一个球都获得了很多掌声和欢呼声，他笑得很灿烂。我觉得他很美好。

我：后来发生什么事情？

小静：我掉了一支笔，他帮我捡起来，放进我手中，还对我微微一笑，让我觉得很感动。

我：之后呢？

小静：学校展览大厅里有一个生态缸，里面有假山、池塘、水车、小竹桥，铺着碧绿的苔藓。我在看的时候，发现他也走过来，就站在我的身边，和我一起看，我很开心。

她描述的这些片段，只让我看到了她少女时单相思的美好，却没有听到两个人的心有灵犀。我只能一次次地询问她接下来的事情。

你爱不爱我

男孩在毕业季把一套自己的球衣送给了小静，正是蓝黄相间的那一套。这套球衣是小静的宝贝，随着她几次搬家，始终挂在衣橱里最显眼的地方。每次打开橱门拿衣服，看到它，小静都会想起男孩的模样。事实上，自毕业分开后，小静只在同学聚会中遇见他一次，与他说过的话都屈指可数。

不过，小静偏偏就将这球衣当成了定情信物。她问我："贴身穿过的球衣都送给我了，难道还不算是一种表白吗?"然后她又说："我总觉得有一天，他会回来找我，向我表白。"她的声音逐渐低下去，越来越小。

我：那他知道你喜欢他吗?

小静：应该是知道的吧。他送我球衣了，我也收下了呀。这些年里，长辈们介绍相过亲的人，没有一百也有八十了，我觉得都比不上他。

我：那你后来找过他，或者和他联系过没有?

小静连连摇头，垂在肩头的乌发，大幅度地摆动。她的呼吸变得急促，胸口剧烈起伏。

这个夸张的摇头，让我看到她的抗拒，她在抗拒什么? 还有，她那明显的低价值感的自我认知来自哪里? 为什么会觉得自己除了家务什么都做不好? 既然这么喜欢那个男孩，为什么从来没有主动争取过呢? 是什么让她将这段从未开始的感情误会成美好的爱恋呢? 九年未联系的男孩真的能引起她那么深的痛苦吗?

现实中的小静面对男孩时很自卑。小静说，"他是所有女孩子都喜欢的男人"，"他不会喜欢我这么差的人"。她认为自己长得丑、学习笨，担心被嫌弃，一直想要改造自己、提升自己，希望有一天能变得更好、更优秀，然后再去找他。但是，改变那么难，小静却因思念而无法接受任何人，每次相亲都是一样无疾而终的结局。就在上星期，他们毕业九年后，小静终于鼓起勇气，下定决心，要去找他时，却得知他刚刚走入结婚礼堂。

青春期的问题，我们回到青春期解决。我随着她一起梳理思绪后，请她在脑海中重现当时的画面。开始，小静什么都想不起来，可是安静地等待了半分钟后，她在潜意识中再次回到当年。

小静：我站在生态水箱边的时候，很想问问他喜不喜欢鱼，但是没敢开口。

我：现在问问他，"你喜不喜欢鱼？"可以吗？

小静：可以。

我：他说什么？什么表情？

小静：我看不清他的表情。

我：大声喊他的名字。

小静：张荣锐！（重复，越来越大声）

我：现在看到了吗？

小静：看到了。

我：还有什么话想跟他说？

小静：可是，可是我不知道怎么表达。

她喃喃着重复了很多遍"不知道怎么表达"，似乎将压在心底的话说出来，对她来说是无比艰难的事。她的眉头轻蹙，双手紧紧交握。我猜测在她的成长过程中，压抑真实想法已经成为习惯，莫非在她的成长环境里，没有人给她表达自我的机会？

五分钟后，小静平静下来，我请她按我的指令进行。

她点头，下颌上的几滴泪，落在裙裾上，慢慢洇开，成了错落的墨绿色小花。

我：想象我们回到学校里面，教室中空荡荡的，只有你和他。现在，你有什么话想和他说？

小静涨红了脸，只能看见嘴唇的翕动：张荣锐，我喜欢你。

我：大声一点，说出来。

小静抬高了音量：张荣锐，我喜欢你。

在小静青春萌动的季节里，有一个悬而未决的问题，就是他对自己的心意。那是小静一直想问又不敢问的问题。

我：你喊他的名字，问他："你爱不爱我？"

小静：张荣锐，你爱不爱我？（重复）

我：他有什么话要和你说？

小静：我感受不到。不知道，看不到。（重复）

我：现在有答案了吗？心里有什么感受？

小静：虽然没有答案，但是心里很平静。

虽然小静在想象中，没有看到男孩的反应，但是一次次"我喜欢你"的重复，一句句"你爱不爱我"的提问，越来越大的声音，将多年来一层层压抑下的郁气喊了出去。

这次咨询的最后，我请小静想象着篮球少年，将她这段"单恋"以和解的方式画上句号。

我：你爱他吗？

小静：我很爱他。但是我不能找他，因为他要结婚了。我很爱他。

小静重复了很多遍"我爱他"，情感表达变得流畅起来。

我：他爱你吗？

小静：我感受不到。

我请她跟着我的指令重复：我不知道我们这辈子是什么缘分，我想了结，请你离开我。如果我有伤害过你的地方，请你原谅我。对不起，请原谅我。（重复）

小静声音轻柔地跟着我一字一句地重复，然后终于能看清男孩的表情了。男孩在柔和的白光里看着她微微笑，眼神专注，有一点留恋，有一点不舍。然后，挥手道别，慢慢走远，身影消失在光的尽头。

在我的指令下，小静睁开双眼，长长地舒了一口气，仿佛卸下了千斤重担。这次会谈，小静学会了如何表达情感，打开心结。她自省道："我总是带着自卑和恐惧的观念，给自己设置了很多负面的问题。拿得起放不下，陷在自己幻想的情结中自怨自艾。"离开咨询室时，她略微羞涩地说："冯老师，说出心里话，好像没想象中的那么难。"

最温柔的束缚

对于小静的错位认知，我打算在后续的咨询中通过她的早期经历来寻根溯源。童年期的阴影和创伤不经疗愈，都会投影在未来的生命中，无限次地循环播放。小静的自卑、低价值感是否和父母重男轻女的传统观念有关呢？要知道，她的父母生活在乡村，家中还有一个弟弟，虽然家境小康，但相比城市，乡村重男轻女的状况是更为严重的。

真实情况却完全出乎我的预料。小静口中的童年生活颠覆了我的推测。她比弟弟更受宠，不单单是父母对她好，两个舅舅和舅妈也对她非常重视。小时候，爸爸、妈妈给她的零用钱花不完，每次两个舅舅从城里回来，对小静来说，都是如同过年一样值得高兴的事。他们会给她带

好吃的、好玩的。上小学时，小静的衣服、鞋子、书包和文具，永远是班里最时尚、最洋气的。

小静："我觉得我的童年很幸福。在家里，我比弟弟更受宠，爸爸妈妈不让我干农活，也很少让我做家务，寒暑假就送我到城市亲戚家里玩。我天天觉得很快乐，日子很美好，我觉得自己与众不同，是小伙伴中的佼佼者。我对'人中龙凤'这个词印象很深刻，那时，我简直觉得这个词说的就是我。"

说起童年的快乐，小静的话匣子打开了。她的眉目舒展，语速明显加快，滔滔不绝地说了很多。孩子在童年阶段过高的自我评价，是由身边人的态度决定的。所以，童年时代小静的优越感十足。只是，这是真正的幸福吗？

事实上，让孩子参与到家务劳动中，不只能增强孩子的独立性和自理能力，还会让孩子更富有责任心和自控性。更何况，小静就是喜欢做家务、照顾他人。但她的童年偏偏被父母照顾得太周到，农活不让她干，家务不让她做，她不但没能照顾他人，反而总是被照顾，这其实严重阻碍了她的发展。

在被动接受呵护的童年里，小静很难体会到被需要、有价值的成就感。就如同一株小树，如果不给它经历风雨的机会，纵然阳光灿烂、土壤肥沃，也很难根深叶茂，坚韧成长。

爸爸妈妈过分周到的爱阻碍了小静的发展。而接下来的对话中，妈妈对于她犯错后的护短，更是一种错误的示范。

小静：小时候，我的动手能力很强，最喜欢玩过家家的游戏。我总想像动画片的主角那样，做伙伴们的领头羊。我仗着爸妈的溺爱和宽容，经常欺负我弟弟，威胁他帮我做事。我也会欺负不听我话的小孩，要他们听我话。遇到有的孩子被欺负了，孩子家长来投诉我，妈妈总是维护我、包庇我。我虽然表面上死要面子不肯认错，但是内心很自责。我虽然知道自己错了，有点难过，但从来也不说出来。

我：能想起具体是什么事情吗？有什么画面吗？

小静：那是我上四年级的时候，我家是二层小楼，我住在二楼卧室，蚊帐和床单都是绛紫色的，我趴在床上心里有点害怕，有点难过，还很自责。

我：为什么会害怕、难过、自责？

小静：那是我放学回家时，听到隔壁家的奶奶和她儿媳妇吵架。那个奶奶是盲人，平时很温和，可是当时，她的声音却非常大，连哭带喊的。奶奶在责问她儿媳妇为什么要说她的坏话。

事情其实很简单。隔壁家的儿媳妇来找小静妈妈闲聊，抱怨了两句婆婆，说婆婆眼睛虽然看不见，耳朵却特别灵，什么事情都要管一管。小静在一边听见了，觉得"看不见、耳朵灵"这话很有趣，就在和隔壁家的外孙女做游戏时，当成好玩的事情说了。结果，再传到了隔壁奶奶的耳朵里，就是了不得的大事了。

小静：我觉得是自己嘴太快，造成他们的家庭不和睦。我特别自责，我总在不经意中伤害到别人，心里很难过。我很想去奶奶家说声"对不起"。

我：你很想向奶奶道歉是吗？

小静：妈妈不让我去那位奶奶家道歉，妈妈说这样的错误我不能承认，不然以后街坊四邻都会说我不好，小小孩子就犯口舌是非。

妈妈的做法和说法，传达给小静的信息是：所有的错都是别人的，自己只负责无辜就好！一次次类似的事件，让小静辨不清是非，分不清黑白。一方面，她在无意识中，认为自己犯了错也不必承担责任，更没有为错误买单、在错误中修正的自觉。在这种教育下的孩子，长大后可能也会遵循这种思维定式，会不肯承认自己的问题，甚至用极端的方式来对抗做错的后果。事实上，在后来的咨询中，果然验证了这一点。另一方面，小静又有着出自本心的是非观，看到别人因为自己受到伤害，她虽然按妈妈说的不加理会，压抑下无法排遣的愧疚，最终，却统统成为心结。

溺爱不单单指对孩子的百般纵容、予取予求，还表现为没有及时管教孩子的错误行为，给孩子正面教育。所以，小静妈妈的护短，也是一种变相的溺爱，让小静不单无法及时认识到自己的错误，也没学会如何正确表达想法和感受。所以，小静的童年时代，虽然有丰沛的物质、周到的照顾，却已经开始压抑自己的情感。

我引导小静释放了对隔壁奶奶的歉意，她在想象中，对奶奶诚恳地说"对不起"，奶奶的表情很平静，不只原谅她了，还让她好好过日子。

小静对妈妈的情绪十分复杂，她天生不善于表露感情，在妈妈的周到和"护短"下，更多了一重压抑。这次，我让她回到童年时的二楼卧室里，听着隔壁的奶奶与儿媳妇的争吵，面对妈妈不让她道歉的情境，说出自己的心里话。

我：你心里有什么感受？

小静咬着唇，几次欲言又止，在我重复的询问下，她哭出声来：我妈妈很坏。

我：大胆地说出来。

小静（大哭，委屈）：妈妈很坏，我什么都跟你说了，你却不让我去和奶奶说对不起，你不让我去，你很坏！（重复）

我：回到当时的场景，面对妈妈，大胆地说出来。

小静攥紧拳头，捶打在沙发上，委屈的泪水冲开愤怒的闸门，她止住泪，质问：为什么不承认错误，妈妈？为什么不让我承认错误？

我：现在妈妈是什么反应？她什么表情？

小静轻皱眉头，茫然地沉默了几分钟，弱弱地说：我不知道，我看不到，什么都看不到。

我：你有什么感受吗？

小静摇摇头，沉思了一会：没有感受。

我：看看还有什么想说的？

小静摇摇头，鼻音很重：没有了。

最常见的阻抗是沉默，当来访者被触发了深层情结、感到痛苦时，潜意识里的不情愿，会让来访者感到大脑空白。事实证明，我们的潜意识对话进行到小静与妈妈的关系时，阻抗出现了。

墙上的挂钟显示距离咨询结束还有十分钟，她的阻抗只能留待下次再处理。我引导小静慢慢退出潜意识对话：深呼吸，放松身心，呼气的时候，将郁闷的、负面的东西都呼出去。

小静随着我的指令，慢慢睁开眼睛，她若有所思地望向我，提出一个问题："冯老师，是不是我不会表达的问题也和妈妈有关啊？"

当然有关，但也不全是。

沉重的爱

小时候，每个人的内心都会有一个弱弱的、小小的、存在感不那么强的声音说，"我想怎样，我要怎样，我喜欢怎样"，可是这个声音常常被自己忽略，因为爸爸、妈妈会用很大的声音告诉孩子："你应该怎样，你必须怎样。"这两种声音间的差距越小，我们内心的协调感就会越强，这两种声音差距越大，我们内心的自我否定就会越强烈。

小静第三次潜意识对话的方向，正是关于怎样做自己。

夏日酷暑中，小静提着两升的保温壶，给公司的每个人都送上了一杯陈皮莲子绿豆饮，那冰冰凉凉、软糯清甜的滋味让大家直呼"太美味"，小静看着大家小口小口地品着滋味，不舍得一口咽下的样子，笑眯眯地说"下次我给大家带杨枝甘露来"。

得到大家称赞的那一刻，小静的神色宁静又满足。可是，一说到学业和工作，小静良好的状态瞬间瓦解，荡然无存了。

小静小时候被全家人寄予厚望。大舅是中学校长，大舅妈是老师，小静从初中时代起，就被接到他们家去读书。班主任是优秀教师，同桌是班长，每科的任课老师，都被大舅嘱托过对小静多关照、多提问、严要求、不放松。

小静："初中时代的孩子已经能敏感地觉察到老师的差别对待，我身边的同学有讨好我的，有歧视我的，还有孤立我的。我和哪个同学稍微亲密一点，大舅就会知道，他对我交朋友的事情也是各种指点，这个同学不爱学习，那个同学放学后和不良少年一起玩，谁是品学兼优的好孩子，要多和她交往。在舅舅家，我感到不自在、不开心，仿佛与大人要求的品学兼优之间的差距越来越大，慢慢变得自卑。"

两位舅舅对小静的关心远超弟弟，探究其深层原因，其实是一种补偿心理。当年家里兄妹三个，只有小静妈妈初中没上完就退了学，两个舅舅读高中、上大学，有了体面的职业。大舅是教书育人的"园丁"，二舅是救死扶伤的医生，他们在城里过着让全村人羡慕的生活，也因此对小静妈妈更加心怀歉疚，想要补偿这个早早帮着父母负担起家庭重担的妹妹。

两位舅舅把这份歉意投射到外甥女小静的身上，想为她规划好未来的每一步，让她有光明的前途，美好的未来。于是，三个家庭的期望和规划，成为压在小静头上的"三座大山"，舅舅们通过对小静周到的安排和细致的关心，达到了自己的心理平衡，但对于小小的小静来说，这份爱太沉重了。

小静：初中时，我就像个两面人一样，在舅舅家就很乖，从来不顶嘴，不管心里有多压抑，也总是唯唯诺诺的。回到自己家里，就乱发脾气，很霸道。

我：有什么画面？

小静：我在饭桌前刚坐下端起碗，舅舅和舅妈就开始和我说考师范学校的事。我左耳进，右耳出，不停点头，根本不知道饭菜是什么味道。回到家里，打开家里的抽屉，看到爸爸的工具和电视遥控都放在一起，心里很烦，就开始发脾气。（重复"心里很烦"）

我：什么感受？

小静：没有感受，就是一点滋味都没有。

我：结果呢？

小静：我一面在家里收拾东西，一面对妈妈抱怨，让她必须听我指令做。

我：还有呢？

小静：我安排妈妈事情的时候，她偶尔也跟我对抗，多数时候为了不让我发脾气，在家里就什么都听我的。但我心里也不舒服。我觉得自己品行不好，总是对自己的妈妈发脾气。

说到这里，小静的表情是沉痛的，这个自我谴责的声音多年来在内心深处一直存在，让她对自己深深不满。

我：你觉得自己发脾气是品行不好吗？

小静：是啊，对自己的妈妈都这么残酷。明明妈妈很想做好，但是我一见到她，就想起她的一大堆缺点，发完脾气又后悔，心里一直很矛盾。

我：为什么矛盾？有什么画面吗？

小静：我不想对任何一个人不好，他们都爱我，我也很爱他们，但是自己总让他们失望，还用很极端的方式报复妈妈。（重复"我总让他们失望"10次）

小静：小时候妈妈虽然对我好，但是这不让我做，那不让我做，其实让我压抑。很多我想做的事情都不能做。我一发脾气，她就不敢再说我，就不压制我了。大舅常常责备她不会教育我和弟弟。

我提醒小静再看看自己的愤怒，真的只是源自妈妈吗？

她回忆起初二那年暑假，当时她正在院子里的银杏树下欢欢喜喜地给小狗洗澡，接到大舅的电话，嘱咐她暑假作业完成后，要复习哪些功课。妈妈听了，就在旁边补了一句"要听舅舅的话"，不料，小静的火气

"嘭"一下就上来了，她猛地掀翻了给小狗洗澡的水盆，妈妈的裤腿和鞋子瞬间被打湿了。

我让小静继续回看那段经历。

小静：我那时有很多想做的事情，因为舅舅不喜欢，我就不敢说出来。慢慢地，我变得没有了自己的主意。再然后，就更怕做错，丁点儿大的事都要经过舅舅、舅妈的同意，我才敢去做，才有安全感。

小静：我不愿意和班长同桌，我和他说话，他常常就像没听到一样；我也不想去重点班，同学间写作业都很"内卷"。我哭着去找班主任，说不要在重点班，想回原来的班级，但是班主任说这是大舅的意思，大舅当时是校长，所以他很为难，但我也不敢对大舅说。就这样，我变得很多事情都不去想，就听他们安排就好，反正他们也是为了我好。

我：那你愿意他们安排你的生活吗？

小静：我不愿意。

我：大声一点，说"我不愿意"。

小静在我的鼓励下，将"我不愿意"这几个字，说得越来越大声，越来越理直气壮，说到第十几遍的时候，带出了铿锵的愤怒。

小静的愤怒流淌出来，她若有所思地说："冯老师，我内心里对所有安排我人生的亲人都有怨气，是吗？只是我单单把怨气发泄到妈妈身上。"

是啊！怎能没有怨气呢？家长们最喜欢做的事情之一，就是为孩子设计未来的发展方向，按自己的规划安排孩子的每个阶段。让孩子学习的知识，练习的能力，实现的目标，其实都是家长的意志。但是，个体的成长不是流水线，不是3D打印，不是设置几个数据，就能定制完成

的。大舅给小静设计的未来是当老师，二舅则建议她考医学院，以后当医生。

小孩子的自我意识尚未充分发展，力量还弱，如同一棵刚萌芽才露出土地的小苗。假如把来自大人的规划和控制比喻成一块巨石，那么这个时候的小树苗没有力量顶起压在身上的"石头"，它们只能循着巨石留出的空隙努力成长。而小静身上的巨石太大，所以，她就成了扭曲的一棵小树，所有人连同她自己都不知道，这扭曲的枝丫中，住着的是怎样的灵魂，没有人看到她喜欢什么、擅长什么、想要什么。这棵小树每长高一点，就要顶一顶头上的石头，虽然从未成功，但那挣扎的力量始终在，显示出来的就是小静的愤怒。

萎靡也是一种反抗

小静对自己有很多的不认同，内心里的自卑和现实中的失败，都让她不能接纳自己。

小静："冯老师，我觉得自己的人生特别失败，长辈们铺好了路，我却走不好。"

中学时代的小静，在舅舅、舅妈和老师们的眼里，是非常乖、很努力的孩子。她虽然学习成绩不够好，每逢大考会重复犯一些低级错误，但是对老师顺从而恭敬，从不顶嘴。大舅妈曾经对小静的英语成绩表达过困惑，她说英语这门学科，只要多读多背就能学好，小静天天这么用功，怎么成绩还是上不去呢？

小静告诉我，她虽然在书桌前一动不动，其实大脑常常是停摆状态。她仿佛分成了两个人，有一个站在身体的旁边，看着提线木偶般的那个自己只知道发呆，心里着急得要命，拼命催，可是"木偶"的脑子就是一动不动。

　　我：认真感受一下，坐在书桌前的那个自己在想什么？

　　小静：那个脑子是不转的，没有想什么。

　　我：我们试着体会一下，有什么感受？

　　小静张了张嘴，欲言又止。显然，她再次压抑了潜意识深层冒出来的某些想法。我很少直接给来访者解释什么，通常是让他们回溯过去的时光，自己发现问题所在，得到更稳定的成长。为了让小静打开心结，我给她解释了两方面的内容，一是她性格的特质，二是关于自我压抑的心理防御机制。

　　当人们面对挫折或产生焦虑时会启动自我保护机制，把不能被意识所接受的念头、情感，压抑到潜意识深处。但被压抑的冲动和欲望并没有消失，一直在潜意识中活动，为了维持心理平衡，通过歪曲现实、以其他伪装的方式出现。我希望小静能从新的视角，来审视自己过往的想法和行为，了解更深层的自我。

　　在咨询中，我会协助来访者发掘自己的优点。我对小静讲，蜡烛型性格的人柔软温和，善于照顾他人，擅长养生和烹饪，这都是为了帮她认识自己的长处。当她用父母和舅舅的规划来要求自己时，看到的是一大堆缺点。只有她真正意识到，不同的树开不同的花，不同的人适合不同的路时，才能发自内心地意识到自己是独一无二的，有着与众不同的优点。

　　小静十分认真地问我："原来，我喜欢做的事情，那些被他们说成没用的事情，正是我与生俱来能做好的，是吗？而他们让我当老师、做医

生，做医生不成又想让我当护士，其实，都是我不擅长的，天生就讨厌的，对不对？"

其实，这个世界上，很多人做着自己并不喜欢的事。虽然不喜欢，但是他们也能做得很好。而小静之所以学习不好，大学考不上，普通话等级十次也过不了关，站到讲台上就不自在，当然并非单单因为不喜欢。

让我感到欣慰的是她接下来的领悟。

小静：冯老师，按照你刚才讲的，心理上的问题，只要不能表达出来，就一定会以其他方式呈现。所以，我学习、工作都很失败的原因，其实是我太压抑，是我要反抗。三家大人的各种安排，我不知道怎么说"不"，于是就用不自觉的行动来表达。是吗？我就是要左耳进右耳出，我就是怎么学也学不好，他们安排得再好，我就是没法完成。

我：你愿意让他们安排吗？

小静：我不愿意。

小静重复着"我不愿意"，声音愈加坚定：我不愿意他们安排我的工作和生活，不想成为他们要我成为的人，在他们眼中过得体面就是强大的、成功的。

当小静终于理解自己、接纳自己、欣赏自己后，我带着她分别面对父母和两个舅舅与他们做了和解。又特别处理了小静对妈妈的心结。

小静：从小到现在，我最大的敌人就是妈妈。我对任何人都没有像对她一样，其他人我都很容易原谅的。但是对妈妈就不行，因为太爱她了，就像小时候她爱我一样，所以，我也要求她改变成为我想要的样子。

我：那你现在想怎么做？

小静：我也要让她做自己，放下对她的要求。

我：现在想和她说什么？

小静：走好自己的路，谁都不要牵挂谁。

我：我们和妈妈说"我们都走好自己的路，谁都不要牵挂谁。"

小静：妈妈，我们都走好自己的路，谁都不要牵挂谁。（更换主语，对所有亲人表达）

我：现在有什么感受？

小静：感觉很轻松。

我：现在有什么画面吗？

小静：我觉得与他们相处就像被一座一座山围着，他们都很高，我站在他们面前很渺小，这些山让我仿佛有被压迫的感觉，想要越过他们很难。

我：有什么启发吗？

小静：我不要从中间越过他们，而是要自己慢慢地、淡定地绕过去。

我：现在准备怎么做？

小静：自己变强大，不要他们担心我？

我：怎么变强大？

小静：经济上独立。

小静睁开双眼看向我时，目光自信，唇角扬起，这个姑娘，没有稳定的工作，爱情婚姻无着落，但她看清了自己被扭曲的人生路，从自卑和迷茫的泥潭中走出，她将不再受他人标准的驱使，她将萌生出力量，选择自己的人生方向，重设生活目标。

我相信，当她允许自己绽放成一朵独特的花，就能享受到收获新知的快乐，体会到努力向上的幸福。

后　记

两个月后，小静再次出现在新异心理的等候室里。她并非来做咨询，而是送来初秋的润燥糖水和甜品，人手一份的银耳木瓜糖水和芝士蛋糕，再次让大家惊叹连连。她笑吟吟地向我宣布近况，她在繁华商业街上的一家甜品旺铺，做实习烘焙师，已经学会了二十多种甜品的制作方法。

她给自己定了一份计划，一年之内学会一百种饮品和甜点的制作技术后，就开一家属于自己的甜品店。望着她亮晶晶的眼睛，明媚的微笑，我感到由衷的欣慰。

人本主义心理学家亚伯拉罕·马斯洛说过："一个人如果想获得最终的平静，一个音乐家必须作曲，一个画家必须画画，一个诗人必须写诗，一个人能是什么，他就必须是什么。"

夙昔的因缘，先天的遗传，决定了孩子是颗怎样的种子，而后天的教育、家庭的氛围就是他的土地和环境。纠结孩子能不能开成自己想要的那朵花毫无意义，土地是贫瘠或是丰饶，环境是严苛或是宽容，这些后天的给予才是父母能做的。

父母要了解孩子，尊重孩子，认识他的生命状态和性格特点。孔子说"不知命，无以为君子"。观测一个人的生命状态，发掘孩子的天赋至关重要。父母也可以依据这个方法对应孩子的当下状态，给予最恰当的引导，让孩子自信满满地绽放。

第二章 亲密关系

——和爱人的恩怨与纠缠

第一节
复制人生

> 我们有责任从自己开始，不让过去代代相传的问题，
> 继续复制在孩子身上。
>
> ——题记

每个人的成长都离不开家庭。心理学家普遍认为，原生家庭对一个人的影响非常大，它塑造了我们的个性，影响我们的人格成长、亲密关系，以及人际互动。我们的恋爱和婚姻也会不知不觉受到原生家庭的影响，许多人会无意识重复父母的婚姻模式。在多年的心理咨询实践中，我也发现大部分的来访者之所以遭遇婚姻关系困扰以及产生一系列的心理问题，其实与原生家庭息息相关，他们渴望打破复制的家庭模式，找回属于自己的幸福，我在咨询中陪伴和见证了许多人的成长和蜕变。

四月的广州渐渐炎热，隐隐有鸣蝉声声。推开咨询中心的大门，春天的清新味道扑面而来，窗外的蓝花楹在阳光的照耀下摇曳着柔美的身姿。

伴随着一阵柔和的香水味，一位时尚的女子走进了咨询中心。她身材高挑，短发齐耳，穿着粉色的连衣裙，脖子上戴着一串精美的水晶吊坠，耳朵上佩戴了一对珍珠耳环。女子自我介绍说她叫可可，是朋友介绍过来做咨询的，前几天已经预约过了。

我快速打量了一下她的五官，圆圆的脸蛋，高高的鼻梁，涂着亮面的粉红色口红，只是一双大大的眼睛中透着迷离、忧郁和疲惫。她望着我，露出一丝尴尬的苦笑，欲言又止的样子。

烛光里的爱

我把可可请进了咨询室，她放下包包，警惕地环顾四周，再三确认：这里的咨询是不是一定会保密？得到我肯定的回复后，她慢慢躺下来，我通过语言引导她放松，然后开始进入潜意识情景对话。

当我问可可最近发生了什么事情时，她先沉默了一阵，嘴巴越抿越紧，呼吸越来越重，紧接着她激动起来，猛然爆发出一声号哭，如同裂帛一样刺耳。哭出了第一声，接下来她的泪水就像开了闸，身体随着泪水的流淌，仿佛失去了水分，蜷缩成一团。她的嘴里除了从胸腔发出的呜咽声，还在不停喊——"骗子，骗子，都是骗子。"我把抱枕递给她，她的两只拳头就像雨点一般落在抱枕上，砸击的力气越来越大。

我猜想可可或许是遭遇情感的变故或折磨，也明白她的心中积压了很多情绪，和许多来访者一样，首次到来她也需要一个情绪逐步释放的过程，于是我顺应可可情绪的节奏，让她在咨询室里尽情宣泄。

果然，在可可歇斯底里般的哭诉中，我听到了一个似曾相识的爱情故事。

两年前，可可在一次培训中邂逅了阿飞，阿飞是当时的主讲老师，风度翩翩，谈吐儒雅。身为少妇的可可怦然心动，觉得他就是少女时代幻想的白马王子。阿飞老师不光帅气、有才，而且多情浪漫。相识后，可可与阿飞互相加了微信，你来我往，聊得很投机。很快，可可就不顾一切地爱上阿飞。周末的夜晚，他们偷偷在酒店约会，在鲜花、美酒、音乐中，他们彼此偎依，互诉衷情。

世上没有不透风的墙，半年后，可可的事情被丈夫发现。丈夫果断地与她离了婚，可可净身出户，儿女的抚养权也自然归了前夫。孑然一身的可可，却觉得自己终于摆脱了婚姻的束缚，可以与阿飞比翼双飞，永远厮守了。

然而就在他们商量着拍婚纱照之际，可可却发现阿飞竟然是个有妇之夫，并且有一个孩子。这种老掉牙的剧情发生在自己身上，可可顿时如遭晴天霹雳。在这次咨询中，可可哭得死去活来，尽情释放着自己的情绪，我在一旁默默地陪伴着她。

可是，造成当下这一切的根源究竟是什么呢？可可对自己的情感认知又有多少呢？她今后该何去何从？解决这些大问题靠一次咨询是远远不够的，需要可可内心有坚定的信心继续咨询，也需要可可今后不断地自我成长，拥有创造新生活的勇气和能力。

也许是因为第一次咨询中我给了可可充分的尊重和空间，我们建立起了较好的咨访关系。可可紧接着又继续做了好几次咨询，虽然每次她都是匆匆而来，匆匆而去，但我能感受到，可可在真诚地袒露自己的心路历程，不断反思，不断成长，我也陪伴着她努力地前行。

泪水里的恨

每个人都有追求爱的权利，然而爱的形式有千万种，健康和谐的爱只有一种，那就是你爱我，我也爱你，灵与肉统一，身与心和谐，彼此相爱又能相互独立，但这话说起来容易，做起来难。

在第二次咨询中，可可一边回顾自己曾经美好的情感经历，一边又透出迷茫与纠结，她告诉我说，起初是自己主动爱上了阿飞，后来两个人的感情越来越好。发现阿飞有家室后，可可曾无数次下定决心要离开阿飞，但经不住阿飞的甜言蜜语和温柔有力的怀抱，过不了多久两人又会在一起。

可可描述的状态，实际上也是许多亲密关系中的常态，很多经常处于唇枪舌剑中的夫妻或情侣，对自我的感情缺乏确定性。相互伤害的情感模式让他们萌生恨意，但性的和谐会让他们觉得自己似乎还爱着对方。对于这种美好的体验，不管男女，都会产生念念不忘的心理，认为这就是真爱。爱恨交加的感情、说不清楚的感觉、缺乏信任又离不开的相互纠缠，让彼此的身体和心理都处于剪不断理还乱的共生状态，于是出现了缺乏界限的亲密关系、自己无法做主的情绪感受。

当我问到可可回忆这些情景有什么感受时，她含糊地说了一句："我好像还是爱着他。"为了让她看清自己的情感状态，我在潜意识情景对话中引导她倾听自己内心的声音，梳理自己的情感。

我：请重复"我还是爱着他"。

可可："我还是爱着他"。（重复）

我：你现在有什么感受？

可可：我好像越说越没有力量了。

我：请重复"没有力量"。

可可：没有力量。（重复）

我：重复的过程中有什么画面吗？

可可：我眼前闪出来吵架的场景，没有甜蜜的画面。

说到这里，可可平静了下来，在一段狂风暴雨般的情绪发泄之后，她稍微变得理性起来。让可可重复反问自己，也是为了让她在心理上对自己的情感有新的觉察和确认。

为什么在重复"我还是爱着他"的过程中，可可的爱变成了恨呢？我们都知道，每个人的"爱"与"恨"都不是无缘无故产生的。心理学中有一种防御机制叫投射，在恋爱过程中，许多人容易产生情感投射，比如"情人眼里出西施"，明明这个人长相并不出众，也没有做什么特别的事，但在某个阶段中，在你眼里，他真的特别好，任何一个小小的举动都能让你幸福好几天。这是因为这个"西施"激发出了你"爱"的情感体验，在他的身上你看到了心中"好客体"的形象，所以才会把自己所有好感都投射到他的身上，性和谐的伴侣更是如此。

同样的，我们恨一个人，也是因为他身上的某些东西触发了你"恨"的情感体验，比如，一个女人被男人抛弃后，可能会导致她对周围的男人都恨之入骨，这就是把内心"恨"的情感都投射到他与他所属的群体身上去了，这个男人就是"坏客体"形象。可可对自己的情感判别就是如此，非黑即白，没有爱，便只有恨了。从家庭正负能量的理论上来说，女性对伴侣及延伸到男性群体的恨意，往往是缺乏父爱的一种体现。

"爱"与"恨"都是亲密关系中的情感表现，最初都是我们在原生家庭及成长过程中潜移默化训练出来的。"爱"所主导的亲密关系，让人自然地亲近自己的爱人，而"恨"主导的亲密关系，则会造成亲密关系的扭曲和混乱，增加双方之间的痛苦。那么，可可最初亲密关系的情感体验是怎样的呢？随着咨询的继续，可可开始讲述她的原生家庭及过往经历。

致命的情伤

可可是个独生女，家庭虽然不是大富大贵，但父母对可可也算是不错，只是父母总是三天两头吵架，她从小就没有感受到孩子该有的幸福和快乐。

可可的父亲是家中独子，他的母亲非常呵护他。他从小有些娇生惯养，凡事以自我为中心，在家时脾气非常暴躁，出了门又像小绵羊一样。结婚后，他对家庭中的事完全是个甩手掌柜。

可可的母亲出生在一个多子女家庭，家境贫寒，可可的外公外婆有重男轻女的思想，因此没有读过多少书的母亲，在媒妁之言下嫁给了父亲。

可可的母亲勤劳善良，她性格刚强，凡事黑白分明，所以婚后与亲戚朋友的关系不太和谐。可可小时候，有一次母亲因为自家宅基地的事与大伯家发生争执，可可看到母亲被大伯一家指着鼻子骂，父亲却一声不吭，远远地蹲在墙角抽闷烟。

晚上，当母亲向父亲哭诉自己被人欺负、挨打的事时，父亲不但没有安慰母亲，还说母亲太多事，母亲抹着眼泪，骂父亲是个窝囊废，自己的女人都不知道护着，两个人争吵的声音越来越大，可可通过房间的门缝看到父亲揪起了母亲的衣领，把母亲抵到了墙角，直到听到可可声嘶力竭的哭喊，父亲才肯罢休。

我问可可回想起这个画面时有什么感受，可可回忆说她当时很害怕，唯一的想法就是希望自己快点长大，可以保护妈妈。"可是，我有时连自己都保护不好。"

说到这里，可可声音变得低沉下来，顿住了。我意识到，她所说的"保护不好自己"直接指向了某些让她难堪或痛苦的事情。于是换了一种口气对她说："你是不是想起了什么？或者你当时有什么不好的感受，都可以说出来。"

"我自杀过，为了一个男人。"可可抽噎着断断续续地诉说起来，苍白的脸庞再一次被泪水浸湿。

高考那年，父亲常常不在家，母亲的情绪又时好时坏，可可的学习压力也很大。当时她恰巧遇上了一个比她大八岁的男人，男人看起来成熟稳重，经常对她嘘寒问暖，可可觉得终于有了依靠，她很快就陶醉在初恋的甜蜜中，还与他发生了性关系。可是，没过多久，这个男人却消失得无影无踪。

可可当时觉得天都塌了下来，打了无数个电话寻找那个男人，终究还是没有等回他。她不敢把自己的遭遇告诉其他人，她不想在父亲和母亲之间又引发一场恶战，更害怕自己会因为失贞被家人所唾弃，她甚至吞了大把安眠药，想就此结束自己的生命。

可以断定，可可不幸福的婚姻与这些痛苦的经历有关，如果不修复痛苦，不幸将会不断地重复发生。正如奥地利精神病学家阿德勒所说：幸福的童年，可以治愈一生；不幸福的童年，用一生去治愈。

生命中，我们常常不由自主地与某些特定的人发生情感关系，潜意识中借着与他们的情感互动，去疗愈过去的心理创伤，弥补过去的遗憾，满足童年中未能得偿的心理需求，这就是在完成一个"未完成事件"。

可可就是这样，她从小缺乏足够的父爱，父亲没有担当，让她觉得没有安全感，所以，她自然就会将对父爱的渴望，寄托在另外一个成熟的男人身上。她的第一段恋情也因此"一失足成千古恨"。而对于这些，可可目前尚未完全领悟到。她的诉说依旧停留在自己灰暗的成长岁月中。

遇到初恋之前，可可还经历了一些难以言说的迷茫与挣扎。那时，父亲经常出去打工谋生，一去就是大半年。即使逢年过节父亲回来，也从没有给她买过什么礼物。家里家外的事情全落在了母亲的肩上，偶尔父亲回来一趟，也是和母亲吵吵闹闹。父母婚姻的名存实亡，家庭关系的分崩离析，导致可可的性格变得更加内向、敏感、不自信。母亲经常向可可诉苦，并反复告诫女儿，长大以后一定要找个对自己好的男人。

可是，对自己好的男人到底是怎样的呢？可可不知道。家里没有男人在，两个女人的家变得更加冷清。但有一次，她睡到半夜，听到家里好像传来男人的声音。可可悄悄爬了起来。声音是从母亲的房间传出来的，她偷偷从门缝里看过去，母亲的床前有一双男人的拖鞋，垂落的蚊帐中，断断续续传来男女的欢愉之声。她吓得大气也不敢出，又悄悄溜回自己的房间。这让她对男女之事充满疑惑，父亲母亲本是夫妻，母亲与那个男人究竟是怎么回事？她开始对母亲产生怨恨，但这些怨恨，可可从来不敢表达，也无处诉说。

也许是出于弥补的心理，母亲想方设法地赚钱，坚持供可可读书，希望女儿有更好的命运。因为自己没有读过书，就将改变命运的希望寄托在女儿身上，总是唠叨要她好好学习。

可惜，她的命运并没有按照母亲设计的剧本发展。本来就敏感的可可，看到那一晚的情况之后更变得恍恍惚惚，很长时间都没有办法安心学习，以致高考前压力太大，又遇上了一个不负责任的男人，一不小心就掉进了另外一个难以自拔的旋涡。

就这样，她又一次陷入了深深的愧疚当中，这份愧疚源于母亲的失落，是她让母亲在亲戚面前更加没有面子。父亲的缺位，母亲私生活的混乱和被初恋抛弃夹杂在一起的痛苦，颠覆了她的人生观，以致最终高考失败。好在可可知道母亲的苦心，她暗暗发誓，要像男孩一样赚钱养家！随即她跟同学的大姐去城市里打工。她传承了妈妈勤劳的优点，找到了一份在酒店的工作，短短两年就升为经理。

不久，可可经朋友介绍认识了阿军。阿军是外地人，老实本分，有一份稳定的工作。可可的母亲也觉得阿军可以给自己的女儿幸福，于是他们顺理成章地结婚了。刚开始的几年，他们生活得甜蜜而幸福。但是随着儿子和女儿的出生，家庭中琐碎的事越来越多，阿军因为工作更加忙碌，对家庭的关心越来越少，可可开始有些埋怨，觉得阿军像自己的父亲一般，缺少担当。她内心有时甚至泛起一些幻想，渴望自己身边有个知冷知热的好男人。

如果没有遇到阿飞，可可也许会和阿军凑合着过下去。但是人生没有如果，人总要为自己的选择负责。可可遇到了阿飞这个梦中的"好男人"，把他奉为真爱，并为他孤注一掷，抛家弃子。她和阿飞在一起享受着激情，但最终阿飞依旧给不了她真正的爱和依靠。

一路成长的过程中，可可感到自己总是在伤痕累累中蹒跚前行，她恨阿飞，也恨父亲母亲，恨她的初恋，更恨自己。

这次咨询，可可倾吐了很多人生经历，她说她从来没有跟别人谈过

那么多"秘密"的往事，一是因为自己也没有什么知心好友，二是由于"家丑不可外扬"。但是来这里做咨询让她觉得心里很踏实、很温暖，好像有点找到"家"的感觉，这也让后面的咨询进行得更加顺利。

走出桎梏

如果说，曾经的爱让可可变得疯狂，此刻的恨，也足以让可可毁灭。因为仇恨就像一颗种子，一旦发芽，很容易长成大树。为了帮助可可尽快从仇恨中走出来，我开始引导她与过去告别，慢慢放下心结，在内心与自己达成和解。

老子有云："知人者智，自知者明；胜人者有力，自胜者强。"[1]我希望可可能明白，生命总是由过去走向未来，经历了岁月的苦难，人总会在不断失去和不断成长中实现自己的理想和目标。

在第四次咨询中，可可又谈到她的初恋男友。我意识到这是她内心的一个"结"，只有解开这个"结"，她才能更好地做自己。我问可可："这件事过去十几年了，你觉得给你最大的影响是什么？"可可说："我一直没有办法相信男人，总是害怕不被爱，怕被抛弃，没有安全感，都是由他引起的。"

第一次情感经历，给可可的打击是近乎致命的，然而，真的就是这个男人造成了她的全部不幸吗？这些话，我不能当面质询可可，只是希望她能通过咨询慢慢领悟过来，与过去有个了结，对情感对自己有更全面的认识。

---

① 冯映云主编.《中华文化经典读本》之十《老子》[M]. 广州：暨南大学出版社，2013年。

我让她在潜意识情景中与初恋男人进行了一场对话。在想象中，可可又见到了那个男人。

我：你能看到他吗？

可可：能。

我：你如今想对他说点什么呢？

可可：我一直没有办法相信男人，害怕不被爱，总是害怕被抛弃，没有安全感，都是由你引起的，我恨你。（她的语气依然充满愤怒）

我：他听见了吗？

可可：他听见了。

我：他有什么反应？

可可：他好像很冷淡地说，"我也没有办法"。

我：听到这话你有什么感受？

可可：我看到了爸爸无奈的身影，和他的样子一模一样。

可可开始沉默。她似乎对自己前面的对话有了一点思考。她突然将爸爸与这个男人联系起来了，自己躺在他的怀抱中时，有一种躺在自己从小渴望的爸爸的怀抱的感觉，她发现自己一直在找爸爸给予的安全感。而这个男人经不起青春少女投怀送抱的诱惑，事后才发觉这样做不对，无奈之下就只好突然消失，没有想到她会闹到吃安眠药自杀这么严重。

我们似乎都找到了让我们满意的答案。其实家庭的爱是一个人最坚实的后盾，有爱就会有安全感。反之，如果小时候父母给予的心理营养不充分，这个人长大以后的安全感就会缺失。可可的原生家庭显然没有给予她足够的心理养分，所以才导致了"错爱"的事件。

我继续引导她："我们往更早的时间看看，还有类似的让你觉得没有

安全感，害怕被抛弃的事情吗？"

可可顿了顿，说："也许是我的爸爸妈妈吧。"说完她又沉默起来。看起来，可可对自己的原生家庭也有未了的情结，而她似乎不敢真正地去面对。

我又问："那你觉得爸爸妈妈带给你什么影响呢？"

可可低声说："可能是父母的婚姻影响到了我，我总是觉得男人不可靠，自己赚钱才是硬道理。"

可可长长地叹了一口气，我也长长地舒了一口气。这个在原生家庭中饱受伤害的女子，终于有机会也有勇气对过去的人、过去的事说出自己的心里话了。

可可继续说道："看来还是过去的家庭环境影响到了我，许多感受我已经遗忘了，但确实有很多事情一直在影响我的人生，特别是我的情感经历，因为从小缺乏爱，所以总在不断寻找。"这是可可在咨询中的自我感悟。

最近几十年，心理学家和社会学家都做了大量的调查研究，结果表明：原生家庭中父母亲密关系对下一代影响深远，父母就是我们亲密关系的老师，他们的婚姻关系和婚姻模式，我们会在一定程度上沿袭、复制下来。

可可的原生家庭也体现了对上一代家庭关系的沿袭，可可的母亲由于生长在一个重男轻女的家庭，自我认同感不够，同时又得不到丈夫的支持，从而向另一个男人寻求安慰，这和可可高中时爱上一个成熟男人的心理是近似的。

经过这次咨询，可可渐渐明白，她把自己小时候对父爱的渴望，迁移到对已婚男人怀抱的渴望上，她经历过两次与已婚男人在一起，但这两个男人给她的只是一时的欢愉，不是真正的情感之爱，不能带给她长久的幸福美满。当她看懂了这些，才明白当初自己为何痛苦不堪。

为了更好地帮助可可修复内心的创伤，我引导她与自己的爸爸妈妈在潜意识中进行了一段对话，重建她与父母的情感连接，理清与父母的恩怨。

我：我们把自己的心里话都跟爸爸妈妈说一说，好吗？

可可：好的。

我：那你跟着我对爸爸妈妈说一段感恩的话，好吗？

可可：好的。

我：感恩爸爸妈妈养育了我，你们是我最敬爱的爸爸妈妈，我尊重你们的婚姻模式和你们的相处模式，也尊重你们的命运。现在我长大了，要离开你们，我要重新经营我的婚姻家庭，我会用美满、丰盛、健康、富足的人生来回报你们！请你们允许我有不一样的人生、不一样的命运，请你们祝福我。

可可在我的带领下重复了刚才的话，刚开始她的声音低低的，似乎又是怯怯的。于是我又带领着她说了第二遍、第三遍……直到第五遍，可可的声音才变得洪亮而坚定起来。

我知道，在可可的原生家庭中，亲人之间这些饱含深情的情感表达少之又少。一个人长期在缺乏情感关爱的家庭中生活，人很容易产生一种情绪屏蔽，情绪屏蔽就像一个玻璃罩子，当它罩下去的时候，会把自己和这个世界隔离开来，让人感受不到人生的痛苦和快乐，自然也感受不到人与人之间的爱和温暖，如果要改变这种情绪屏蔽的状况，就需要经常去体验和感受亲密关系之间健康的情感互动。

紧接着，我告诉可可，我会扮演她的爸爸妈妈，也跟她说一段话。可可有点意外，但还是欣然应允了。

我说："孩子，我允许你的婚姻模式、命运模式和我们不一样。你一定会拥有美满、健康、幸福、丰盛的人生，你已经长大了，勇敢地去拥抱自己的人生吧。虽然当前遇到一些困境，但我相信，你是个坚强勇敢的孩子，你一定会找到自己的幸福，爸爸妈妈一直爱着你，爸爸妈妈一直祝福你，祝福你永远幸福、健康、快乐！"

我接连说了两遍，看见可可又流出了眼泪。可可说在这个过程中，她感到暖洋洋的爱，她记住了这种伤痕被包裹、被修复的感受，这种感受的记忆将让她带着爱与温暖重新审视自己的亲密关系。我期待可可在告别中聆听到自己的心声、父母的心声，能够储存满满的爱的能量，然后勇往直前。

我们的人生，都无可避免打上原生家庭的烙印，有的甚至在循环中走进死胡同。可可和她母亲的人生轨迹都是如此，她的母亲没有走出自己婚姻的桎梏，没有改变自己的人生走向，但可可能来到咨询室寻求帮助，有自我探索的勇气和改变的决心，这就是新的起点。

每个人的生命都自成一个宇宙，它高深莫测。而人生其实就是对这个宇宙的探险，在这中间充满了惊险与挑战。这是一个不断经历失望和茫然，再到转变、感悟和收获的过程，我也相信经过情感磨难的可可，终究会收获自己丰盛的人生。

复制，不再粘贴

很快就到了可可预约的第五次咨询。这一天，可可提前二十分钟就等在咨询室，眉头微皱，显出几分忧虑。话题刚打开，可可就开始唉声叹气，她不停地提出一个问题："那我现在该怎么办，我该怎么办？"她似乎陷入了泥潭，重新回到刚开始的状态，怎么也迈不开步子往前走。

人生的每一次改变都是痛苦的过程。一方面我们会对过去有所眷恋，习惯旧有的模式；另一方面也会对未来的不确定性充满恐惧和担心，不知道路在何方。可可也是这样，她的眼前有太多的事情需要面对，与阿飞如何了结？如何面对自己的孩子？如何面对父母和朋友？甚至如何给自己一个交代？

唯有看得清楚，才更利于做出改变。于是等可可稍微放松下来，我让她再一次梳理自己的情感，当我问她当下最想做什么时，可可顿了顿说："我好像也不知道最想做什么了，我脑子很乱，但我现在知道最对不起的是我的孩子。"可可说着说着，又一次流出伤心的泪水。

可可与前夫生育了两个孩子，大儿子如今九岁，小女儿才五岁。说起自己的孩子，可可脸上浮现了一些喜悦。但是离婚时，孩子的抚养权都给了前夫，他们与她生活在不同的城市，一年多来，她在没有希望的感情中沉沦，饱受心灵的折磨，已经很久没见到孩子了，前夫也不允许她见孩子。

的确，在这场婚姻变故中，最受伤的是孩子。出于母性，可可对孩子充满了愧疚和自责。在当下，可可暂时理清了自己的情感，暂时放下了其他纠结，重新正视自己作为母亲的角色，这也让我看到了她改变的新方向。

于是我用潜意识对话技术，让可可重新面对自己的孩子。在可可放松的状态下，我让她想象自己在一个美丽的大公园中与孩子相见的场景：蓝天白云下，一群小朋友在草地上奔跑着、嬉戏着。

我：见到自己的孩子们了吗？

可可：见到了。

我：什么场景？

可可：孩子们看见了我，好像有点陌生。

我：想对孩子们说点什么？

可可：妈妈对不起你们，妈妈一直都爱你们，永远都爱你们。

我：还有吗？

可可：妈妈希望你们永远快乐，永远幸福。妈妈真的爱你们！

可可一边说一边哭。在她声嘶力竭的哭喊声中，我听到了一个母亲真切的爱的表达，同时也希望这哭叫能缓解可可的内疚与悔意。母爱是最平凡的，也是最伟大的，倘若孩子们也能深深地感受到母爱，他们的童年就会幸福。

为了增进对可可亲子关系状态的了解，我问可可，她在自己的家庭中与孩子们是如何相处的。

可可说，婚后为了带孩子，她有好几年没有去上班，总体上与孩子们的关系还是比较融洽的，孩子们也比较听话。只是后来因为家务繁杂，前夫刚好工作忙，她觉得前夫忽视家庭，她的情感无处寄托，才一步步导致了婚外情。

可可的前夫阿军出生在一个普通的家庭，父亲是一名老实本分的工人，母亲在阿军八岁时因病去世，阿军随父亲生活，父亲既当爹又当妈，对阿军既疼爱又严厉。直到把阿军送去上大学后，父亲才再婚，跟一个下岗女工组成了新的家庭。虽然父亲与继母对他也不错，但阿军还是无法融入，他也渴望有一个属于自己的家庭。在与可可相识后，阿军一心一意对待可可，他们顺理成章地步入了婚姻的殿堂。

当来自不同家庭背景的男人与女人组成一个新的家庭时，他们都憧憬着一个完美的爱情童话。美国心理学家罗伯特·斯滕伯格曾针对爱情提出了三因素理论，他将爱情分成了亲密、激情和承诺三个元素。其中亲密是指双方相互信任和亲近，彼此交心，它通常属于情感性的投入；激情是指恋人双方相互吸引，也指两性之间的爱慕和欲望，它往往是动机性的投入；承诺则是恋爱双方对彼此的认可和决心，是对这段爱情最直接的保护和尊重，它往往是认知性的投入。如果能够包含这三个因素，基本上可以算是一段完美的爱情了。

在婚姻初期，可可与阿军彼此信任，双方都投入了真情，相互爱慕，充满激情，也彼此承诺过，共同去好好经营自己的婚姻，按照爱情的三因素理论，这也称得上是一份美好的爱情。可是走着走着，家庭与婚姻中的琐碎让爱经不住岁月的考验，他们的夫妻关系不知不觉开始出现裂痕。

可可说，阿军品性不错，人比较憨厚、正直，有时有点木讷，但发起脾气来也让人接受不了。有一次儿子调皮，在外面弄坏了其他小朋友的自行车，可可赔了对方200元钱。阿军回来后得知此事，不问青红皂白，抓住儿子就是一顿揍。夫妻两个为此还吵了一架，阿军怪可可没管好孩子，可可怪阿军太粗暴。为了诸如此类教育孩子的事情，两个人经常有不同意见，通常情况是可可袒护着孩子，而阿军比较严格，他的教育理念是"棍棒底下出孝子，黄荆条下出好人"。阿军自幼缺乏母爱，长期与父亲生活在一起，也沿袭了父亲一些简单粗暴的教育方式。而可可虽然自己从小也缺乏关爱，但是会不自觉地偏爱孩子。夫妻两人一旦意见不合，就容易激发矛盾，引发争吵。他们也没有想到，家庭中的冲突

和争吵，不仅影响到了自己的夫妻关系，更是影响到了孩子的身心健康。

随着咨询的深入，可可逐渐懂得，夫妻关系与亲子关系有着相似又密切的关联，如果婚姻中夫妻关系出现问题，可能亲子关系也会随之产生或多或少的问题；而如果亲子关系出现问题，夫妻关系也会因此受到影响。要想在婚姻和家庭中保持良好的夫妻关系和亲子关系，每个人都需要不断地完善自我。

可可说："现在想起来，其实大人的痛苦没有什么，但孩子不明白发生了什么，每次我们吵架孩子都很害怕，他们担心爸爸妈妈会离婚。我怎么就没想到自己也曾经历过这些痛苦呢？"

我让可可回忆曾经在家庭中的具体场景，希望她能反思自己的过去，更好地面对未来。的确，在亲密关系当中，如果爱是可以互享的，那么痛苦也是，为另一半分担痛苦也是爱的一种方式。而我们受过的痛苦也会不知不觉复制给下一代，因为人的潜意识总会倾向于自己所熟知的环境和生存模式，总会重复儿时被动接受的现实生活模式。

就像可可，在原生家庭中，她的父母发生矛盾时的解决方式就是永不停止地争吵、逃离甚至背叛。她与前夫发生冲突的时候，也是脸红脖子粗地争论。可可复制了自己原生家庭的婚姻模式，把痛苦也带给了下一代，这是她未曾料到的。

明明爱着自己的孩子，如今却因为自己的选择给孩子造成了伤害，那么可可的孩子今后又会经历怎样的人生呢？这场家庭关系模式的代际传承中，可可是这个链条上的关键一环，如果可可能认识到这一点，能打破这种复制的模式，修复亲密关系，那么这种代际传承的伤害也就可以避免。

俗话说：学习不幸就会重复不幸，学习幸福就会重复幸福，学习快乐就会重复快乐。我们要想重新体验到幸福、爱与信任，就要对下一代播撒幸福、爱与信任的种子。我让可可对着孩子大声地说出自己的爱，一方面是让她对自己的情感有深入的了解，另一方面也充分激发她内心爱的能量。因为只有爱才能唤醒爱，只有爱才能成就爱，也只有爱，才能让人生变得更丰盛更圆满。

在接下来的咨询中，可可进一步明白过来，她的父母在养育过程中没有注重对她的情感养育，所以她在成长道路中一直觉得缺乏爱与安全感。在她自己的婚姻生活中，她和前夫也没有做好成为父母的充分准备，不懂得亲密关系对养育孩子的重要性，不懂得孩子的心理需求，从而让自己的孩子受到影响和伤害。

可可说："我现在觉得最重要的是当好妈妈。过去我父母他们之间发生的一些事情，我无法选择、无法把握。但是，现在我所做的每一个选择，都需要我自己来负责任，我要改变自己，因为我是两个孩子的妈妈，我要对他们的未来负责。"

五次咨询结束，可可说她学到很多，打算自我修复一段日子再来找我。当我送可可出门时，蓝蓝的天上飘浮着几片若有若无的白云，空气里有草木的芬芳和水果的香味。可可的目光投向远方，有些缥缈，但也有坚定。虽然可可的一些现实问题并没有得到圆满解决，但我相信她已经能够冷静下来，可以重新走入属于自己的世界，并开始新的尝试了。

后 记

三周后，可可果然来了。与前几次相比，可可明显平静了许多，我注意到她的口红颜色变了，原来亮面的粉红色口红换成了更成熟的雾面

玫红色，鲜艳的美甲也没有了。她的情绪很平和，说到烦心事也能冷静地叙述。

说着说着，我突然发现，这次她好像越来越需要得到我的一些认可和赞许。

"是不是最近又遇到什么烦心事，说出来我们一起看看？"

"嗯，是有些烦心事。"她下意识地抚弄了一下头发，不好意思地低下了头，"我还是不知道今后的路到底怎么走？"她用恳求的语气对我说，似乎很期待我能给她一些具体的意见或建议。

我没正面回答她的问题，而是笑着鼓励她："你自己是不是有了什么新打算，暂时还决定不了？"

"就是就是，老师果然料事如神。"她一阵欣喜。

我保持沉默，同时真诚地注视着她。

"就是我上次走的时候发现这里有亲子学习的课程，好像很多人在学习，不知道有什么条件吗？我也有点想学呢。"可可道出了自己的心声。

原来，经过几次咨询，可可觉得受益匪浅，她想通过学习提升自己、改变自己，但又好像下定不了决心。她非常希望得到我的肯定或者支持，因为通过这段时间的咨询，她已经把我当成了她生命中的一个重要人物，对我产生了依赖。但她必须自己来解决生活中的新问题。作为一名咨询师，我能做的是帮助她更清晰地认识自己，让她真正变得独立自主和强大起来，这样她以后才能放下我这根"拐杖"，勇敢地走好自己的人生之路。

"你是希望得到我的赞同再做选择吗？"我平静地问。

"也许是吧？"她突然笑了起来，"其实我已经下定决心了，不知为什么还是忍不住想要问一下你。"

我也笑了。可可自从决定要开始新生活之后，就变得灵动起来了。我相信她通过不断学习，一定会有新的收获，爱学习、爱孩子、爱自己，可可一定会找到属于自己的幸福。

大半年后的一个下午，可可又来到我们咨询中心，说是路过进来看看大家。虽然当时是广东地区难遇的寒冬，但她看上去神采奕奕，一进门就热情地向大家打招呼，脸上挂着温暖的笑容。

"你的气色也很好哦，最近还不错吧?"我微笑着对她说。

"是啊，是啊。我是给你报喜的哈! 你看，我给你带来了什么?"她递给我一个小礼盒。

我打开一看，噢，天啊! 原来是一只包裹了鲜活的蝴蝶的琥珀吊坠! 我惊呼"太美啦!"

她马上给我看自己身上戴的另一个几乎一模一样的琥珀吊坠。她说: "非常神奇。上次我问过你之后就转行了，一边学习心理学一边学习养生。今天就是去参加交易会，我想碰碰运气开盲盒，买了十块琥珀原材料，结果赌到两块带蝴蝶的琥珀，所以压不住地开心啊! 就马上来分享给您!"

我真是服了她! 我开心地说: "你记不记得之前的咨询中就出现过破茧重生的画面呀? 今天就兑现了呀!"

她连忙点头说: "就是，就是。所以，我相信我的转行一定会成功的。"

"那必须的呀!"我真是压不住激动的心情，夸赞她并和她抱成一团，感动得流泪了。

然后她说: "好事很多很多呢! 我现在转行做养生了，换了一个行业，换了一个圈子，也换了一个心境，每天心情非常好。前夫也允许我

见孩子了，我的新店就开在孩子学校附近，我周末就带孩子玩。"

"真是恭喜你，事情看起来有了新的转机。"

"是啊，经过老师的帮助，我已经开始重新认识自己、改变自己了，以前我不知道如何关爱孩子，构建良好的亲子关系，通过学习，我现在与孩子的关系也越来越好了，我会好好珍惜这一切的，我相信我的孩子也会有更加美好的未来。"

我由衷地替她感到高兴，并祝她好好享受自己的新生活，前方的路会越走越宽。

当我送可可走出咨询中心的大门时，广州的花草树木在如此寒冬中，依旧焕发着勃勃生机，整个城市像在一个美丽的梦境中，只有刺骨的寒风让我切实地感受到这个世界的真实状态，我看见可可齐肩的秀发在风的吹拂下起舞，正如她现在雀跃的心情，转眼她的背影已消失不见。我想对她和所有像她一样经受生活磨难的人说，当你挺过了风霜刺骨的寒冬，暖春和盛夏必将会拥抱你。

第二节
爱河下的暗涌

不要以为你的那些潜在的想法并不会发生作用，实际上，你所做的每一件事情都有它的影子。

——高原《潜意识与心灵对话》

西格蒙德·弗洛伊德在他著名的精神分析理论中首先提出潜意识的概念，他指出，在我们一般的意识底下，还隐藏着一股神秘的力量，这股神秘的力量叫作"潜意识"。潜意识同我们的生命和智慧紧密连接，它会通过直觉、冲动、灵感、暗示和想法等同我们交流，它甚至会引导我们去成长、超越、前进、冒险，朝着更高的方向努力，它是我们每个人原本就具有但往往容易忽略的能力。很多人的爱情与婚姻也会与潜意识发生联系，如果我们能感知它、理解它、善用它，我们的人生也将因此更加丰盛美好。

行路难

阿平是一名企业高管，迈着沉重的步子来到了咨询中心，他的身材高瘦，穿着软结构的休闲西装，笔挺的鼻梁上架着一副精致的眼镜，一看就很有绅士风度，但他英俊的脸上却布满焦虑。他为了自己的家庭问题而来寻求帮助，他很爱他的妻子小玉，但不知为什么，如今婚姻关系却举步维艰，他为此伤透了脑筋。

"好多年了，我们在婚姻的道路上若即若离，明明彼此是有感情的，却始终找不到一种和谐的幸福状态，不知道是为什么。"

阿平说起话来语速稍快，但声音很柔和、温润，言辞中满含真诚，语气中却又隐隐透出一丝不甘。一个事业有成的中年男人，为了自己的婚姻家庭而来咨询中心寻求帮助，还是比较少见的。

进入咨询室后，我正准备开始咨询，阿平突然问："我可以先到外面抽根烟吗？"他的眼神中充满请求之意，我猜测他也许对咨询还有些疑虑或担心，便微笑着点了点头。

很快，他又回到咨询室，说了声"抱歉"。淡淡的烟草味似乎驱除了他的一点焦虑，但我感觉他的心情依旧沉重。于是我在交代了一些关于潜意识情景对话的注意事项后，让他在我的指引下先身体放松。阿平很配合，他把西装外套脱下，躺在躺椅上，说准备好了，示意我可以开始。

我让他闭上眼睛，把自己想象成一只海豚，在温暖的海水中畅游。并让他想象一些画面，把它们描述出来。这样做是希望来访者在放松的状态下进入潜意识状态，自然呈现出当前所遇到的问题。

但奇怪的是，阿平在对话场景中并没有进入到他想解决的问题当中，他在潜意识状态中始终见不到亲人，我问他脑海中是否有什么画面，他说什么也没有。他只是感觉自己有些胸闷，手有点发麻。只见他身体笔直僵硬，两只手握紧了拳头，额头上微微冒汗。

我明显感觉到这是一种阻抗。咨询中来访者出现阻抗是很常见的现象，来访者有意或无意地抵抗，会干扰到咨询的进程。面对阿平的阻抗，我先从一些轻松的话题开始，让阿平逐渐放松了下来。过了一段时间，阿平在潜意识中慢慢地看到了一些画面。

他断断续续地回忆了三次不愉快的经历：

一次是去机场接人，他在机场门口道路上停车等候，车子只停留了不到两分钟，交警便强行让他离开，他对那名交警简单粗暴的执法方式感到十分不满，当即与他发生了冲突，他的情绪非常激动，也非常愤怒；

第二次是在自己公司门口，他的车子刚刚启动上路，左后侧有一辆车贸然地加速想要赶超他，他只能急刹车，避免了即将发生的事故，他对着超车司机狠狠地吼了起来；

还有一次是在某小区因为停车问题与保安发生争执，当时他们闹得不可开交，甚至引来了围观，他在回忆中似乎看到了自己气急败坏的样子。

阿平为什么突然想起了这三件事，这些事与他的家庭关系问题有什么联系？为什么明明很想解决婚姻问题，却又无法进入放松的潜意识状态？他的潜意识是不是还有什么阻扰？眼前的一切像一团迷雾，需要通过进一步的咨询来解开。

风平浪静之下

阿平和妻子小玉是自由恋爱，从相识相爱到走进婚姻，至今已经快

二十年了。二十年的路不算太长也不算太短，如今回忆起来，往事有甜蜜也有辛酸。

20世纪90年代初，年轻的阿平和小玉都离乡出外打工，偶然的机会他们相互认识了，同是天涯沦落人，阿平觉得小玉很善良、单纯。小玉觉得阿平实在、可靠，两个人的感情越来越好。

阿平记得，当时他们住在一个不到十平方米的出租房里。有一次小玉夜里突然发高烧，好几个小时高烧也没有退。阿平急了，生怕小玉有什么危险，但他摸摸口袋，只掏出来十几元钱，又担心去医院看病钱不够。那时候通信还不发达，没有电话，也没有手机，半夜三更找亲戚朋友借钱也不可能。没办法，情急之下，阿平硬着头皮去敲邻居的家门，好心的邻居借了50元钱给他，他背起小玉赶紧跑去医院看病。

还有一次，阿平去外地出差，说好了当日晚上回来，结果由于天气原因，航班延误了，阿平到第二天早上十点多才回到家。小玉做好了饭菜，苦苦等了他一个晚上，也祈祷了一个晚上，生怕阿平在外面遇到什么不测。阿平一推开门，小玉就扑进他的怀中，紧紧搂住他。

诸如此类的事情很多，阿平的回忆中透着甜蜜。他们一路磕磕绊绊地走过来，虽然日子过得很艰苦，但心中有爱，彼此惦念，幸福快乐地生活着。后来阿平的事业有了起色，稳扎稳打，经济收入也不断提高，小玉的工作也比较顺利，在别人眼中，他们是患难与共、苦尽甘来的夫妻。

阿平说到这里，眼角泛起了泪光，曾经充满真爱的画面依旧在眼前显现，可是如今妻子却对他若即若离，他想过很多办法来挽救自己的婚姻，比如与妻子多沟通，陪妻子旅游散心，反思自己的所作所为，他自认为夫妻之间没有什么深仇大恨，还没到情感破裂的地步，只是两个人的感情越来越别扭，夫妻生活也越来越少，再也不像刚结婚那些年的甜甜蜜蜜、亲密无间。

于是我让阿平回忆，自己最近与妻子之间是否发生过什么不愉快的事情？有哪些难忘的记忆？

阿平想起来，最近有一次，妻子下班回来，他的母亲煮了饺子给妻子吃，不知道是什么原因，那天妻子只吃了饺子馅，把饺子皮吐了一盘。阿平发了很大的火，差点摔了盘子。可是阿平觉得，这应该不至于导致夫妻感情破裂，因为事后他也向妻子道了歉，妻子也原谅了他。

我猜想阿平的内心也许还压抑了一些其他情绪。压抑是一种最基本的自我心理防御机制，心理学上专指个人受挫后，不是将变化的思想、情感释放出来、转化出去，而是将其压抑在心里，意识上不愿承认痛苦情绪的存在。压抑能起到暂时缓解焦虑的作用，但情绪并不会因此而消失，而是被压抑到潜意识中，成了一个固结的"能量团"，就像一个随时会被引爆的炸弹。

为什么性格温和的阿平最近突然变得爱发火了呢？他的潜意识中究竟发生了什么？要想解决阿平的婚姻关系问题，当前这些压抑的情绪需要得到进一步梳理，从而找到真正的源头。

阿平说，他是家里最小的孩子，有三个姐姐。爸爸妈妈虽然只有他一个男孩，但对他的教育和引导都很严格，没有让他像许多小儿子一样在溺爱中长大。阿平在读高中时父亲因病去世，身为家里唯一的男丁，他很懂事也很有担当，学习努力上进之余，生活中也为母亲分忧不少。他从小一直生活在一个充满爱的家庭，父母和姐姐们爱他、疼他，父母之间也相亲相爱，一家人和谐美满。

长大以后，阿平很孝顺，也有责任感和正义感。他对这个世界充满爱心，经常热心帮助周围的人，即使在自己经济困难的时候，他也不亏

待身边的朋友，给过很多人资助。他还当过爱心大使，倡导保护野生动物。他平时连一只小动物都不忍伤害，更不要说去伤害自己的妻子。咨询进行到这里的时候，阿平已多次重复说："我依旧那么爱她，为什么她没有感受到？"

说到这里，我发现阿平的眼角有泪水溢出，我觉得这是让他释放压抑情绪的一个好时机。一个性格温和的男人，看似长期生活在风平浪静的日子里，实际上依旧会有压抑的情绪。因为现实中，只付出爱，或者只得到爱，都不是真正的幸福。爱是心灵上的共振，单方面的付出或者得到，都会使自己的感情越来越乏味，心情越来越沉重。阿平始终想抓住自己的爱，也一直在努力地付出爱，却没有得到妻子的回应。对此，正常的人都会觉得痛苦，而这痛苦，他平时也很少表达，这何尝不是一种压抑呢？

于是我让阿平尝试着想象一个与妻子面对面在一起的场景，亲自把这些话说给眼前的爱人听。想象法是引导潜意识的一种好方法，它会让你在潜意识的状态下完成自己想完成或未完成的心愿，从而缓解自己的焦虑情绪。

阿平：你为什么就感受不到我的爱？

我：请重复这句话。

阿平：你为什么感受不到我的爱？我的爱到底怎么啦？

我：很好，再重复。

在我的指引下，阿平声嘶力竭地吼叫起来，他出了一身汗，尽情地把心中压抑的情绪释放出来了，这是他过去的生活中所不敢表达的情绪，我推断其中的原因，一方面是性格使然，另一方面也可能是家庭环境影响所致。

待阿平稍微平静下来以后，他说："释放之后感觉好一些，但是我觉得妻子也很可怜，她也过得不容易，所以我不想伤害她，我们平时也没有大吵大闹。"我表示想了解小玉的成长背景，于是他开始向我讲述他妻子的成长历程。

小玉出生在北方一个穷苦的多子女家庭，她是家中的大姐，还有两个妹妹。小玉性格有些像男孩子，比较野，又咋咋呼呼的。也许因为她是大姐，小时候父母对她管教非常严格，特别是父亲，对她有些苛刻，有时小玉不听话，父亲就会打她骂她。阿平曾听小玉说过自己与父亲关系不好，说自己小时候总被父亲打，而妹妹们就不会，为此她有些恨自己的父亲。高中毕业以后，小玉选择了外出打工，离家远远的。

在阿平的印象中，小玉的父亲是典型的北方汉子，性格豪放，也很慈爱，并不是一个不讲道理的人，他们翁婿之间相处很融洽。他还记得自己第一次去小玉家，提起两个人计划结婚的事情，他的准岳父没有为难他，而是相信女儿的眼光，放心地把女儿交给了他，连彩礼也没有多收，这让他心存感恩。阿平当时就是一个穷光蛋，他原本很担心小玉的父母不同意他们的婚事，没想到第一次见家长这么顺利，所以阿平也一直很敬重自己的岳父，由于父亲早逝，他在心里更加是把岳父当作父亲一般来看待的。

说到这里，阿平突然停了下来。我没有去惊扰他，因为阿平的潜意识里可能又发生了"奇遇"，这是咨询过程中出现的一些重要时刻，需要耐心等待。

果然，阿平低声地叹了一口气说："岳父已经不在了。"这话让我稍微感到一点意外。通常情况下，当亲人去世后，哀伤的情绪会随着积极

情绪的注入和时间的推移缓解许多，莫非阿平哀伤的情绪一直没有得到释放？

阿平说，岳父的去世是由一次车祸引起的，岳父出门办事，不小心被一辆垃圾车撞上，伤势非常严重，抢救、治疗了大半天，最后老人还是不幸去世了，他们夫妻那时在几千公里之外的南方，得知消息后急忙赶回娘家，却连老人最后一面也没有见到。而在界定责任与索赔的过程中，司机的推诿扯皮更是让阿平悲愤交加，好在最后还是通过法律途径顺利解决了。如今说起来，阿平依旧满怀愤懑和伤心。

原来岳父的去世，也是阿平情绪的一个卡点，虽然岳父已经去世很多年了，但他心中依旧压抑着许多悲伤的情绪，于是我尝试让阿平进入一个场景，处理他的哀伤情绪。

在我的指引下，阿平想象岳父就在眼前，他慢慢敞开心扉向岳父诉说。

阿平：对不起，爸爸，对不起，是我回来晚了，我没有尽到做晚辈的责任，我请求你的原谅。

阿平：爸爸对不起，我错了，我请求你的原谅，我会照顾好小玉，你放心吧，我们会好好生活。

不管是在阿平的意识还是潜意识中，岳父遇难，他的本意都是积极救他，但是因为种种原因他没有尽到这份心意，导致他内心有很大的愧疚和自责。加上妻子家和自家都是姐妹，父亲和岳父也都去世了，身为两家中唯一的男丁，他觉得自己必须要为她们出头。

他敬重自己的岳父，答应照顾好妻子，也是为现实中弥补亏欠而做出的一种承诺。当他通过释放哀伤，表达歉意，进一步化解了心中积压的情绪，他的内心慢慢平复了下来。

阿平是个很有领悟力的人，这次场景对话后，他突然对我说："我好像明白了，为什么我那段时间总是在开车这个事上发生问题和冲突，因为我岳父是出车祸去世的，是不是潜意识中这些未了的情结没处理好？我对着那些人表达愤怒，也是对撞伤我岳父的人表达一种愤怒？"

我笑着点了点头。潜意识是个聪明的家伙，它会通过各种方式提示着自己的主人，哪些事情是可以忘记的，哪些事情是应该记住的，每个人都可以对它有自己的领悟和解读，从而澄清自己过去的迷惑，修复情感上的缺失或创伤。

爱的原型

通过两三次咨询，阿平内心释放了一些压抑的情绪，他渐渐开始放松了，但他依旧把问题聚焦在寻找自己爱情婚姻中的"症结"上。阿平又一次地问道，明明自己主观上一直是爱家庭爱妻子的，为什么彼此会走上陌路？

众所周知，与所爱的人两情相悦的美好，是每一个男人和女人都希望得到的。但是在许多时候，我们所能得到的，常常是不满意的结果。阿平的婚姻刚开始是幸福的，只是后来情况变得糟糕起来，这一定会有其他深层次的原因。

咨询中我了解到，阿平是个很自律的男人，他对婚姻的质量有很高的追求。他的事业曾经很辉煌，后来投资失策，企业经济效益滑坡，他的事业因此出现波折。也就是在这个时候，他发现与妻子的感情也出现了问题，妻子经常对他冷冷淡淡，他一度怀疑妻子是不是变心了，但实

际上并没有。

阿平知识渊博、重情重义、富有魅力，身边也有不少女人对他念念不忘，但阿平始终不为所动。这让我略略有些好奇，在这个花花世界里，一个男人如何能抵挡外界的诱惑，做到对自己的婚姻忠贞不贰？

心理学界有一个说法，旁人看似般配的夫妻其实不一定幸福，因为他们未必符合对方潜意识里那个"爱的原型"。意思是说，我们很多人的婚恋关系在很大程度上都会受到原生家庭中父母亲性格的影响，特别是女孩受到的影响较大。

一般来说，如果父亲比较注重家庭，有责任感，对妻子照顾有加，对女儿关心呵护，父女关系很融洽，那么父亲的良好形象就会在女儿的潜意识中留下深深的烙印。在女儿长大成人以后，她在潜意识中就会去找一个和父亲相似的人作为自己的伴侣，因为这个好父亲就是女儿心目中"爱的原型"。反之，如果这个父亲没有给女儿树立"好男人"的榜样，父女之间关系不好，女儿就会寻找一个与父亲这个"爱的原型"相反的男人作为伴侣。同样的道理，男孩在成长过程中也会受到母亲性格的影响，他也会把自己的母亲当作心中那个"爱的原型"。

阿平夫妻心中那个"爱的原型"是怎样的呢？抱着小心探究、大胆尝试的心理，我让阿平继续回忆一下自己的原生家庭。

阿平说，母亲快三十岁才生下了他，为他取名阿平是希望他一生平平安安、丰衣足食。阿平有三个姐姐，当时家里日子过得很艰难，母亲生完姐姐后，月子里忙得连饭也吃不上，阿平的奶奶重男轻女思想很严重，母亲拖着虚弱的身体依旧忙前忙后，她却不管不顾。母亲在一次聊天中说起这件事，阿平只是听母亲轻描淡写地提了一句，并没有丝毫抱怨，只是说生活环境不一样而已。但阿平想，一个女人生完孩子都没人照料，这是多么委屈与受难的事情，从此他对母亲更加敬爱。

阿平虽然是家中唯一的男孩，但在母亲眼里，所有的孩子都是自己的心头肉，她对三个姐姐也一样疼爱。母亲和父亲一起，含辛茹苦把四个孩子培养成人。在阿平的印象中，母亲总是慈眉善目，对子女充满关爱，对亲戚朋友也很友善。父母之间也很少有磕磕绊绊，一家人和和美美。

阿平说，母亲是一位坚强而善良的女性，而且通情达理。当初把小玉带回家，母亲对准儿媳也是很满意的。

我问："那当初你是出于什么原因跟小玉在一起的呢？"阿平说其实小玉也是一个很善良的女子，有些像他的母亲，他觉得这样的女孩一定会同他一起孝顺自己的父母，这也是他选择小玉的根本原因。

阿平和小玉有个女儿，已经九岁了，一直是阿平的母亲帮忙带着。母亲对孙女更是照顾得无微不至，遗憾的是婆媳之间偶尔会有小摩擦。有一次，妻子教训不听话的女儿，孩子拼命往奶奶房间跑，希望寻求奶奶的庇护，妻子正在气头上，随口对着女儿说了一句："没有奶奶你会死呀！"

这句话成了婆媳问题的导火索，母亲十分伤心，阿平的三个姐姐也轮番指责阿平没管教好自己的妻子。阿平为此也很委屈，妻子对母亲一直都是很尊重的，从来没有顶撞过母亲，只是偶尔说话不加遮掩，这次也是不小心误伤了老人家的心。看着妻子委屈，哭哭啼啼地找他诉苦，阿平也很难受，他一边想护着母亲，一边又想体恤自己的妻子，他感到自己那段时间仿佛成了一颗"石磨心"。

我以为婆媳关系或许会影响到他的夫妻关系，但阿平说，实际上自己已经解决了这个问题。曾经他很担心自己的妻子和母亲从此成为"仇人"，但是这件事情之后，他带着妻子向母亲真诚地道了歉，之后婆媳之间也就和好了，再也没有发生过什么激烈的矛盾和冲突，他也不用担心

做"石磨心"了。

既然婆媳关系也不是他们婚姻的影响因素，那问题的原点还是回到阿平和妻子之间的关系上来。

阿平回忆起来，有意无意间，妻子总说他变成了岳父的模样，阿平一直没在意，以为她说的只是一句气话。但现在联想起来，似乎真是那么回事。阿平原来滴酒不沾，后来学会了抽烟喝酒，自己的岳父也会抽烟喝酒。有一次公司聚餐，阿平稍微多喝了点酒，回来后本想借着酒兴与妻子亲昵一番，没想到妻子气急败坏地骂他说："你跟我那死鬼老爹一样是个酒鬼！"他顿时有点蒙了。但后来想想，这也不至于彻底破坏两人的婚姻关系，因为除了社交场面上的应酬，一般情况下他也很少抽烟喝酒。

这几年，阿平的事业在走下坡路，阿平自己也有点气馁，恰好这时妻子的事业正做得风生水起，本来阿平觉得没有什么，自己事业不顺，但老婆事业好起来了，这不也是件好事吗？但他明显感觉小玉好像有些瞧不起自己，有一次阿平找一个朋友帮忙投资一个项目，打电话时语气有些卑微，小玉在一旁听到了，就随口嘟囔起来："你这大男人怎么变得这么低三下四的？"

本来心情就不好的阿平气不打一处来，想想觉得妻子是个有口无心的人，也就不计较了。但两个人从此冷战，妻子经常借故要照顾女儿，跑去与女儿睡一个房间。

阿平问：难道因为我变得有些像她父亲，她就不爱我了吗？

我说：或许她不是不爱你，只是不知道现在该如何来爱你，就像你现在也不知道该如何继续去爱她。

小玉一直渴望找到理想中的好男人，父亲是个豪放过了头的北方男人，又经常打她，于是她只好逃离父亲这个"爱的原型"。她从遥远的大西北跑到南方来，找了阿平这么一个温润的南方男人。刚开始小玉觉得阿平踏实、稳重、有安全感。她确实也把阿平当作心中完美的伴侣，愿意与他白头偕老。她没有想到自己的丈夫有一天也会变得像自己的父亲。

现实生活中，每位伴侣的性格既有好的一面，也会有不好的一面。只是刚开始两人在一起相处时间不久，爱情的甜蜜掩盖了彼此的不足。但日子过久了，双方的缺点就暴露出来了。小玉渐渐忽视了阿平的优点，偏偏把阿平不好的一面与她的父亲等同起来，她在潜意识中把对父亲的不满与怨恨，不知不觉都转移到了自己丈夫阿平身上。阿平能够如此包容小玉，是因为他在原生家庭中获得了充分的爱，这让他有源源不断的为妻子付出的动力。

很多女性秉持的爱情观比较偏执，总认为爱情是纯洁无瑕的。它必须像朝露一样晶莹剔透，绝不能有任何东西污染，一旦有一点点不如意，就会在心中留下久久不散的阴影。在她们眼中，爱情就应该是完美的，当感情出现裂痕，哪怕只是一点点，似乎就违背了她心中完美的爱情。小玉也是如此，当她发现自己丈夫与自己父亲的相像之处，她的心里就充满矛盾和纠结，情感也变得时冷时热，无法左右自己的潜意识，而这些，小玉想必尚未觉察。

而在阿平心中，女性的形象和地位一直是崇高的，这一点可以从他的原生家庭得到证实，母亲的慈爱，姐姐们的宠爱，他像贾宝玉一样活在女人的世界里。与三个姐姐一起长大造就了阿平的体贴，他非常懂得照顾女人，从小到大都被同学和同事冠以"妇女之友"的美誉，十几年来，小玉洗完头发基本上都是阿平帮她吹干的。在阿平心中，"爱的原型"就是自己的母亲。妻子是他以"爱的原型"投射出的一个完美的

"圣女"形象，他小心翼翼地爱着她、护着她，不忍心伤害她，实际上是一直想要维护自己心中爱的崇高和美好。在他的潜意识中，他不能也不敢去破坏心中这份美好的爱，因为一旦破坏，就相当于否认自己过去所有的爱，这会使他无法安生，因此他必须始终对爱忠贞不渝。对于这些潜意识的影响，阿平在经过多次咨询后，略略有了一些领悟。

爱的宣言

在第五次咨询中，阿平看到了另一个自己：日子过得不像日子，他有点颓废，而且不修边幅，胡子拉碴。我没有打扰他，让他继续停留在潜意识的画面中。

那一天是他四十二岁生日，他自己好像并不记得，当他拖着一副疲惫的身体迈进自己的家门时，突然闻到了一股葱花鸡蛋面的味道，这种熟悉的味道，只有自己的母亲才做得出。

他觉得很奇怪，母亲虽然有他们家门的钥匙，但离得也有十几里路，一般很少过来，通常都是他去看母亲。今天母亲怎么会来呢？

走进客厅，他果然看到桌上摆着一碗热腾腾的葱花鸡蛋面。母亲笑盈盈地从厨房走了出来，她说："我估摸着平儿快到家了，今天是你的生日，吃一碗长寿面吧。"母亲还像从前一样，唤他小时候的乳名。

他端起桌上的面，大口大口地吃起来，眼泪也吧嗒吧嗒地往下落。母亲想必也知道他们夫妻之间的冷战，但母亲并没有多言语，只是默默地站在一边，叫他慢慢吃，别噎着自己。

阿平回忆起这个场景，也哽咽起来。待他平复下来，我问他有什么话想说，他说感恩的话他说不出来，他现在突然明白了很多事情。他目前虽然事业不顺，婚姻不顺，但依旧有爱相伴。母亲的爱、亲人的爱，是他的根、他的魂，从小到大，他得到的爱一直是充裕的，原来这些爱的能量一直环绕着自己，只是他忙忙碌碌中有些忽略了。

这一刻，他觉得心中快熄灭的爱又重新被点燃，瞬间又感受到爱的涌动和力量，他很想把这些爱分享出去。

阿平的觉察，让我觉得非常欣喜，仿佛看到了他用爱点亮自己的心灯，去照亮灰暗的婚姻生活，重新追寻夫妻之间的和谐美满。

于是，我抓住这个重要时刻，让他想象与自己的妻子在一起的画面，在潜意识情景中再次与妻子进行对话。在我的指引下，阿平的语气变得坚定而富有力量。

阿平：老婆，我们重新开始吧。

我：老婆听到有什么反应？

阿平：她有些吃惊，以前我很少叫她老婆，我都是叫她小玉。

我：很好，继续表达。

阿平：老婆，我们重新开始吧。我爱你，我心中装满着爱，我想分享给你。虽然我如今事业不顺，但我拥有爱的能量，我不惧怕未来，我相信，我们可以携手创造更美好的明天。

阿平的这次领悟，比以往又前进了一大步，他不再纠结，不再奢求，而是打开自己心灵的束缚，大胆地说出了对爱的信仰和追求，这是他潜意识里正向的力量，也是一种积极的自我暗示，它终将在自己的生活空间里变成现实。

接下来的咨询中，为了继续了解阿平婚姻关系中的幸福指数，我尝试着问阿平，目前他的夫妻生活是否和谐。阿平不好意思地叹了一口气

说："有时我妻子好像有些性冷淡。"说出这句话时他似乎感到很不好意思，也许在一个女咨询师面前谈论夫妻之事，让他觉得有些难堪，但这确实是夫妻之间的重要事情，直接影响到夫妻和谐之根本。所以，我认为有必要探讨这个话题。

其实，作为一名心理咨询师，如同医生面对病人一样，即使是一个罪犯，在医生面前也要救死扶伤。所以，对于咨询师来说没有男女之别，任何的事件、话题，只要对来访者有用，都会询问。每一句问话都只是"用"而已，没有性别之分，更加没有探究他人隐私、好奇和道德评判之心，这是咨询师的基本素养。

俗话说，百年修得同船渡，千年修得共枕眠。男女结为夫妻，是千百年修来的福分。夫妻之间既然同床共枕，就应当同甘共苦，珍惜彼此的缘分，构建好和谐的夫妻关系。但是夫妻关系不是单纯的精神上的需要，夫妻相爱，是身心的融合，相互之间的沟通交流和关心关怀是婚姻的基础；同时，夫妻之间还需要身体的接触、情感上的理解和相互认同，这对维系婚姻整体状态是极为关键的，有爱有性的婚姻生活才是最理想的。在我多年的心理咨询实践中，我发现很多夫妻关系不和，很大一部分缘由是性关系的不和谐引起的，夫妻之爱需要性爱的和谐，和谐需要夫妻双方的共同付出。

阿平说，他起先是觉得妻子工作忙，身体不太好，怕她会累，妻子拒绝时也就不去勉强。但现在妻子还经常陪女儿睡，女儿已经快九岁了，他觉得这对孩子好像也不好。

我肯定地指出："这当然不好，夫妻不同床一方面影响夫妻感情，另一方面也不利于孩子的身心成长，九岁的孩子早就应该自己独立睡觉了。"

阿平也表示认同，他审视了自己的行为，觉得自己也不太会哄妻子，为了让阿平能够找回热恋的感觉，我让他在潜意识对话中向老婆示爱。

在想象的画面中，阿平见到了自己的老婆小玉。

我：我们回到刚刚热恋的时候，现在家里只有你和你的老婆，这是你们的二人世界，你面对她，最想和她说什么？

阿平：老婆，你很美，我爱你。（重复）。

我：还有吗？

阿平：老婆，我就想你一生一世都做我的老婆。（重复）。

我：她有什么回应？

阿平：她躺在我的怀里，羞答答的，没有说话，样子特别美。

我：告诉她，我是你的男人，你是我的女人，我们相亲相爱在一起。

阿平：我们一起努力，我是你的男人，你是我的女人，我们相亲相爱在一起。（重复）

我：继续表达。

阿平：我们相爱十几年了，你是我的老婆，唯一的爱人，我会好好爱你，你也好好爱我，我们在一起，相亲相爱，白头偕老。

我：继续表达。

阿平：我爱你，我们好好相爱，好好经营我们的家庭，我们一定会更加幸福、更加美满、更加快乐！（重复）

阿平越说越自信，这既是爱的宣言，又是爱的力量。我相信在阿平的努力下，他们的"性福"也就不远了。

在这次咨询中，我主要引导阿平用语言向妻子去表达爱。因为他们原来感情非常好，所以我引导他回忆过去美好的时光，先让自己充满了

爱的感觉，向妻子表达爱，祝福自己，强化他对爱的信念。当我们长期重复某种思想或行为时，潜意识就会对此深信不疑，从而在现实中慢慢转化为习惯，如此下去，丈夫好好爱妻子，妻子好好爱丈夫，婚姻生活才能顺顺利利。同时，我还建议阿平与妻子在日常生活中，也要更多地去拥抱和亲吻对方，增加肢体的交流。相信孩子看到爸爸妈妈恩恩爱爱，也会是很幸福的，肯定愿意自己睡。

受中国传统文化的影响，夫妻亲密行为和爱的表达往往会被忽略，有的夫妻之间关系不好，恰恰就是受到不能开放地、自由地去表达爱的影响，不懂得"性福"的重要性。在咨询的潜意识体验中，阿平再现拥抱亲吻的画面，渐渐找到让自己"性福"的方法，他很开心地说：感觉到了当初的美好，很幸福。当这种幸福的感觉积累得越来越多，也就形成了夫妻之间爱的能量，能够在现实中滋养自己的婚姻，让婚姻重新变得有生机、有活力。

最后一次咨询中，阿平说，他已经把在潜意识对话中学习到的东西与老婆小玉分享了，小玉也很受启发，他们的夫妻关系开始改善，特别是夫妻生活，慢慢变得和谐起来。

《实用心理学》一书的作者法恩斯·沃斯说："我能百分之百地说，任何一个人都可以做他想做的事情，成为他想成为的人。"一直以来，阿平坚守自己的爱，并为获得幸福的婚姻而持续努力，我相信他历经这场特殊的寻爱之旅，一定会成为一个更加优秀的男人。

后 记

阿平的咨询结束以后，小玉受其影响，也来新异心理预约了五次咨询，夫妻两人齐心协力，共同成长，为自己的婚姻保驾护航，这让我不禁为他们喝彩。

之后，我陆陆续续听到关于阿平的消息，他们夫妻两人后来合伙投资了一个很大的项目，起初生意很好，后来又惨败了。我当时没有作任何评价，人生的跌宕起伏对于他们夫妻来说，也许是更好的考验。果然，生意的失败并没有击垮他们，后来阿平结合自己的兴趣爱好，在国学领域深耕，还出版了一本关于家庭教育的书，如今他们夫唱妇随，专注做家庭教育直播，小日子过得风生水起。

爱情与婚姻中的双方，是平等的合作伙伴关系，需要夫妻双方共同担当，彼此成全。当我们在现实中遭遇婚姻不顺，如果夫妻双方能够正视自己的问题，正确而合理地使用意识与潜意识思维，化解彼此之间的矛盾，消除夫妻之间的误会，同时通过不断学习相处之道，提升爱的本领，积聚爱的能量，就能打造出更幸福更美好的婚姻生活。

第三节

在逃的贵妇

君子之道，造端乎夫妇。

——《中庸》

"无夫妻，不家庭。"夫妻关系是家庭中最基础最重要的亲密关系，我们中国人历来把夫妻关系看得很重要。儒家认为：夫妻关系是"人伦之始"和"王化之基"。

在多年的心理咨询工作中，我遇到很多因夫妻关系不和而来求助的人，有的男人因为妻子太啰嗦、太强悍而闹离婚；有的女人因为丈夫有外遇而痛苦不堪；也有的人虽然婚姻还在，情感上彼此相爱，现实生活中却又无法相处，在家庭中战争不断。如此种种，他们都在亲密关系中遭遇困扰，无法化解心中的痛苦或迷茫，彼此渐行渐远。安雨娜就是众多来访者中的一个。

七年之痒

那天是周末，送走了最后一个来访者，已经临近下班。屋外突然下起了淅淅沥沥的雨。我收拾好记录本，倚靠在窗户边，默默望着雨天的风景。广州的秋天短暂，如若晴朗的话确实是凉爽宜人，但一旦下雨，便让人手足无措，出门在外的人会苦恼于出门前没有添衣换鞋，只能忍受不期待的、唐突的刺骨寒凉。我的心思正沉浸在这秋雨天中，门外突然传来一阵咚咚咚咚的敲门声。

我起身打开门，屋外站着一个美丽动人的高个子女人，她一头棕色的大波浪长发，光洁白皙的脸庞，乌黑深邃的眼眸，高挺的鼻梁，漂亮的烈焰红唇，耳朵挂着一对夸张的流苏耳环。她用妩媚的眼神望着我，我以为是谁敲错了门，一时没反应过来。我又继续打量着她，女人手里提着一个香槟色的古驰包包，暗红色的时尚风衣搭配着一条米白的长丝巾，修长的大腿上裹着一条黑色的迷你裙，显出身材的完美绝伦。

她急忙做了自我介绍："我叫安雨娜，平安的安，下雨的雨，女字旁的娜。"她说："抱歉，本来约的是明天的咨询，但明天有公务，所以临时提前赶来了，不知道今天可以做咨询吗？"

听到这个名字，我突然想起来之前助理跟我提到的，一口气下单了我十次咨询的贵妇。寻常的来访者找我咨询的话，不出五次，问题就已经有极大地改善了，一下子下单十次，真是头一回发生在我的职业生涯里。

我低头看了看手表，略略停顿了一下，有些犹豫。她显然有些急了，说请老师务必要帮帮忙，来一趟挺不容易的。她的声音很甜美，言辞中透出焦虑和不安。想到她也许真的有难处，我有些不忍心拒绝，便答应

125

先做一次初始咨询。我心里略略感到好奇：她差点就白跑了一趟，还冒着雨，是什么困扰值得让她如此唐突呢？

我把安雨娜请进咨询室，她四周打量了一下，叹了一口气说："我就是婚姻关系上遇到一点麻烦，听说您是家庭婚姻咨询领域的专家，我慕名而来的，希望多指点。"我微笑着让她进入放松状态，想听听她具体遇到一些什么问题。

"我怀疑我老公出轨了。"她低声说道，"他现在不太理我，经常冷冷淡淡的，说话还阴阳怪气，我真弄不明白现在的男人究竟是怎么啦，能娶到我这样的老婆，他还有什么不能满足的呢？"

在安雨娜喋喋不休的抱怨中，我大概了解了他们的婚姻现状。安雨娜与丈夫刘立明结婚七年了，有一个六岁的女儿。这两年她丈夫因为事业拓展需要，到上海去发展，她自己带着女儿依旧生活在广州，因此过着两地分居的生活。安雨娜有时带着女儿飞上海，有时丈夫也会飞回来与她们团聚。但最近，安雨娜常常觉得失落，她打电话给丈夫，丈夫经常不耐烦，有时还冲她发脾气，她说："刘立明肯定在外面有女人了，不然不会这么对我。"

安雨娜的情绪像一阵急雨，倾泻而来。她继续说，刘立明长相一般，从她大三开始就一直在追她，费尽了心思，用了千方百计才把她追到手，一直对她很好很好，含在嘴里怕化了，捧在手里怕摔了。她以前是个模特，经常有外出活动，每次刘立明都鞍前马后，陪在她身旁，对她照顾有加。她觉得这个男人待人真诚、细心周到，很实在，经济条件也不错。相恋三年后，他们买了一套大大的别墅。刘立明为她举办了一场盛大的婚礼，在当地轰动一时。她陶醉在梦幻的爱情童话中。

婚后，他们恩恩爱爱，很快就有了一个可爱的女儿。有两三年，安雨娜在家中当起了全职太太，家里还雇了保姆，她的任务主要有两方面，一是陪伴女儿，二是陪丈夫出席一些社交应酬。她的美貌，加上丈夫的事业有成，在朋友眼中，他们是一对神仙眷侣。她很庆幸自己找了一个好男人，小日子过得甜甜蜜蜜。

安雨娜说，丈夫不仅对自己好，而且对她的家人也很好。自打他们结婚以来，她很多亲戚朋友都通过跟丈夫一起打拼而发家致富。平时丈夫对岳父岳母照顾得也很好，就连过年都是在她家过的，外人还以为他是入赘的女婿，事实上并不是。

这两年，丈夫到外地去工作，刚开始她牵肠挂肚，极不适应，丈夫也会隔三差五地回来看望她们母女。但最近半年多安雨娜觉得丈夫变了，有时回来他们连夫妻间的亲热也没有了。她说，她凭一个女人的直觉，判定丈夫可能有了外遇。她越说越激动，脸色涨得通红，但言辞中又似乎显得没有底气。

我知道，在这种情绪状态下，安雨娜很难对夫妻关系有一个理性认知。情绪是解决问题的绊脚石，也是解决问题的试金石。通常情况下，如果丈夫真的有外遇，做妻子的都会愤怒、伤心、难过，这些负面情绪旁人都可以理解。但目前凭安雨娜的描述，她只是猜测自己的丈夫有外遇，这一切都是一种假设，她为何会有这样的猜测呢？她到底担心什么呢？是不是还有其他的心结未解开？这些都有待于进一步的咨询。我先安抚了她的情绪，并调整了咨询的时间，约定好三天之后她再来。

漂亮的胆小鬼

三天之后，广州迎来了晴朗的、秋高气爽的一天，前两天的寒湿被

阳光和秋风所驱散，明艳动人的安雨娜也如约而至。

我照例让她先放松，并引导她去看她这些情绪到底是由什么点燃的。刚开始，我让她在潜意识情景对话中想象与丈夫在一起的画面，她表示很奇怪，画面中没有出现什么东西，她觉得到处都是黑乎乎的。

过了几分钟，我让她继续想象一个画面：和丈夫面对面在一起是什么样的场景。

> 我：有没有看到什么？
>
> 安雨娜：看到了自己的家。
>
> 我：还有呢？
>
> 安雨娜：他不理我，很烦我。
>
> 我：后来呢？
>
> 安雨娜：我很愤怒。
>
> 我：为什么很愤怒？
>
> 安雨娜：我让他送我一个手镯，他好像不同意，说以后买，我很生气。
>
> 我：为什么？
>
> 安雨娜：以前他从来不会这样，我要的东西他基本上都会满足。
>
> 我：还生气吗？如果生气就向他表达。
>
> 安雨娜：我很生气！（重复）

安雨娜发泄了心中愤怒的情绪后，心情略略平静了下来。在安雨娜的记忆中，丈夫对她简直是百依百顺。她说自己怀孕那阵子，半夜想吃酸辣粉，丈夫立马起身为她做，没吃两口不想吃了，又想吃火龙果；丈夫又赶紧削好火龙果，一块一块喂给她吃，然后吃完火龙果她又想吃蛋糕；蛋糕店都关门了，丈夫像变魔法一般，让朋友给她送来了美味的蛋糕。她说起这些声泪俱下，问："那时多么好，如今他怎么能变成这样，竟然开始烦我，我真的很难过。"

安雨娜的心智状态，完全像一个未长大的小孩。她把丈夫曾经对她无微不至的关爱都当作是理所当然的，并且，她认为这种状态应该持续下去。造成她今天这种状况的原因是什么呢？一方面当然与他们婚姻最初相处的模式有关。另一方面也许是源于她的成长环境。我决定先探究一下安雨娜的童年经历。

我问安雨娜成长经历中是否曾有过类似的感觉。她逐渐放松以后，进入到一个想象的画面，画面中发生的是她小时候的事情。

我：你看到了什么？

安雨娜：我要妈妈，但是姐姐告诉我，妈妈不回来了，妈妈不要我了。

我：然后呢？

安雨娜：我急得大哭起来。

我：发生了什么？

安雨娜：好像是妈妈去上夜班了，那时我很小，总是吵着要妈妈。

我：有什么感受？

安雨娜：见不到妈妈，我很伤心，很难过，哭着哭着睡着了。

安雨娜两姐妹出生在一个普通的工人家庭，安雨娜从小就是单位大院里长得最漂亮的女孩，迷人的大眼睛，粉嘟嘟的脸蛋，像个芭比娃娃，人见人爱。但妈妈要上晚班，常常是姐姐照看她。姐姐也就比她大两三岁，经常把她当作玩具，高兴时就逗她玩玩，不耐烦了就捏捏她的小脸

蛋，她被捏得生疼，哇哇大哭。她想妈妈、闹着找妈妈，姐姐恐吓她说妈妈不要她了。幼小的她还信以为真，因为的确总是见不到妈妈。每当黑夜来临，她会莫名觉得紧张害怕，到处找妈妈，常常是哭着哭着就睡过去了，醒来依然没有看到妈妈。

童年的这段经历，在安雨娜的心中留下了深深的烙印，可能她自己也未曾察觉。她继续谈起小时候的事情：她一直不愿意一个人待着，如果家里没人在家，她会到处去找人。开始上学后，她也不敢一个人去学校，总要人陪伴。好在她与姐姐在一个学校读书，于是她天天缠着姐姐，跟在姐姐身边一起上学放学。

说到这里，我对安雨娜的性格成因有了一些了解。一个人在童年所留下的阴影，会导致他在成长过程中总是缺乏安全感，潜意识中渴望爱与关注。安雨娜小时候长期得不到妈妈的关注，内心的情感没有得到满足，所以她长大后潜意识中会继续寻求心理上的满足，她总是觉得自己获得的爱还不够。然而只有咨询师了解这些还不够，需要来访者自己能慢慢觉察到，才能逐渐打开心结。

我让安雨娜继续在潜意识场景中进行深入对话，倾听自己的心声。

我：还有过类似的经历或感受吗？

安雨娜：好像一直害怕孤单。

我：还有吗？

安雨娜：好像怕被人遗忘、被人冷落，总希望被人关注、被人疼爱。

在我的引导下，安雨娜一步步深入，也看到自己的内心，这对她来说就是一种新的觉知。她继续向我讲述了自己的生活历程。

不知不觉，姐妹俩都长大成人。安雨娜也越长越漂亮，因为喜欢文艺、喜欢舞台，她决定报考艺术院校。经过发奋努力，她如愿以偿拿到大学录取通知书。当时她又高兴又担心。高兴的是终于考取了理想中的大学，担心的是她一个人怎么去大学生活。

姐姐告诉她，大学宿舍都有好几个人住，不会孤单寂寞，她这才放了心。很快到了大学，一切都是那么新鲜。她记得自己还是不愿意一个人出门，上课下课都黏着同学。有一次室友都去看电影了，她忘记自己因何没有去看。当她打开寝室的门，看到空荡荡的宿舍一个人影也没有时，吓得不敢进去，转身跑到影院去找室友。从此室友给她取了个"胆小鬼"的绰号，她倒不觉得这有什么丢人，毕竟自己是个女孩子，她总是这样宽慰自己。

大学毕业后，安雨娜成了一名模特，T台是她心中的圣地。每次在T台上走秀，她都很陶醉。她说，自己穿着华丽而造价高昂的时装时，周围有无数膜拜的眼神，瞬间让她觉得骄傲无比。她觉得再也没有比这更幸福更快乐的事情了，因为秀场里到处都是打扮得光鲜亮丽，洋溢着热情与笑容的人。她喜欢闪光灯下的生活，就像众星捧月一般。她不担心没有人陪伴，因为她就是焦点，所有人都会以她为中心。

"冯老师，是不是我的职业选择也与自己的成长经历有关，我从小就喜欢穿很漂亮的衣服，把自己打扮得光鲜亮丽，这也与我总是渴望被人关注有关吧？难道我在潜意识中选择了一个如此适合自己的职业？"安雨娜的这些领悟让我非常欣喜。

随即，我们的话题又回到了她和丈夫的恋情上。还在她大三的时候，刘立明就开始追求她，每个周末都会开着车子在校园门口等她，给她买漂亮的衣服，带她吃各种美食，陪她到处旅游，她的生活变得五彩斑斓。她被刘立明呵护着、疼爱着，安雨娜感觉自己过上了公主般的生活，从

此有了依靠。所以大学毕业后，她很快与刘立明结了婚，她梦想着两个人的婚姻会长长久久，永远甜甜蜜蜜。

婚后，他们住在大别墅里，家里有保姆照顾生活。丈夫也是个顾家的男人，没有特殊的应酬时，一般都会在家里陪着她们母女，丈夫不仅疼爱她，更疼爱他们的宝贝女儿。有时候她觉得丈夫对女儿比对她还好，安雨娜有些吃醋，两人为此还红过脸，不过很快丈夫就会把她哄高兴。

不能说的秘密

"可是，为什么现在我的婚姻会这样？以前我老公不会这样的，他一直对我很好。难道人们所说的'七年之痒'是个魔咒？我真的不知道该怎么办了！"安雨娜反反复复说着这样的话。

解铃还须系铃人，我告诉她好的婚姻需要两个人共同建设与经营，她若有所思地点点头。为了进一步了解他们的夫妻关系，我让安雨娜在潜意识情景中与自己的丈夫对话，让她把当下最想对丈夫说的话都说出来。在想象的画面中，她见到自己的丈夫。

我：面对老公，有什么想跟他说的吗？

安雨娜：我不知道该说什么。

我：你爱他吗？

安雨娜：我想我是爱他的。

我：那能不能告诉他，你爱他，大声说出来，让他知道。

安雨娜：我，我，我好像说不出来。

我：为什么呢？

安雨娜：（沉默，抽泣）

我：没关系，试着表达出来。

安雨娜：（一直哭）

安雨娜的状态，让人觉得非常奇怪，他们曾经那么相爱，为什么如今又不愿意对自己的丈夫表达爱意呢？她的沉默下面到底隐藏了什么？是不是还发生了其他什么事情？我鼓励安雨娜打开心胸，真诚面对自己，真诚面对婚姻，不管发生什么，我愿意陪着她一起去解决。

安雨娜抽噎着继续说："我明明是爱他的，可是，我又感觉好像对不起他，我不知道该怎么说。"望着安雨娜伤心欲绝的样子，我只有等待，先让她尽情释放自己的情绪，再听听她的叙述。见我不作声，安雨娜又再三问道："我真的要说出来吗？说出来有用吗？"我知道很多时候，一个人在真相面前总是难以启齿，但我还是肯定地对她说："说出来吧，你可以的！"

一时间，咨询室里陷入了安静的氛围，连空气似乎都凝固起来了，墙上的钟滴滴答答自顾自地转着。安雨娜沉默了五六分钟，在矛盾与纠结中，终于半遮半掩地说出了埋在心底的隐私。原来，一年前，安雨娜自己出轨了，她跟另一个男人有了婚外情。

她跟我解释道，那真的是一个意外，那段时间自己很孤单，经常与朋友出去喝酒，刚开始她只是把那个男人当成自己倾吐的对象，但后来稀里糊涂去跟他幽会了几次，事实上自己没有很喜欢他，已经断了往来。丈夫是否知情她也不确定，但她目前没有坦白，她也不知道该如何面对。她说事情已经过去那么久了，这件事好像一直窝在心里，想起来就不舒服，有时如鲠在喉，有时又担惊受怕。

安雨娜问："冯老师，你不会也嘲笑我吧？你会相信我吗？我真的不是有意的！"

的确，无论从道德层面还是从法律层面来看，婚外情都是见不得光的错事，容易遭人唾弃。面对安雨娜忐忑不安的心理，我非常理解她。但作为一名咨询师，我也知道此刻我无论如何都必须保持中立的态度和原则，不能用大众的价值观去批判来访者。

心理咨询工作始终充满挑战。也许，在外人看来，咨询师在咨询过程中好像没有干什么，但实际上，咨询师需要一直给来访者提供温暖、安全的环境，以培养信任。咨询的顺利进行，有赖于咨询师与来访者能建立起非常牢固的信任关系。正是在这个良好的关系中，我与来访者始终"同频共振"着，我默默地承接着她的喜怒哀乐，同时也传递着对她的认同、接纳、陪伴与好奇。

虽然到了第六次咨询，安雨娜才说出内心这个羞耻的秘密，我还是肯定了她的勇敢，也感谢她对我的信任。要想解决夫妻关系问题，很重要的一个因素就是相互坦诚，对自己坦诚，对婚姻坦诚，才有利于进一步去解决问题。很多家庭中男女双方心中有隔阂，彼此不再相互信任、不进行有效沟通，没有情感交集，夫妻关系很容易渐行渐远。

安雨娜夫妻之间的关系裂痕，当然与她自己内心的这道"坎"关系密切。在犯下婚外情的错误后，受自身传统价值观的影响，人的本能都会感到愧疚和自责。如果另一半没有什么过错，她的内心会更加自责，觉得无颜面对家人和爱人，这种折磨会一直伴随着她。我猜想安雨娜的内心也有过煎熬与痛楚，在这种情绪压抑下，她变得更加敏感、焦虑，恰好丈夫对她的冷淡与不耐烦，又再次激发出了她的焦虑，她还没有好好反思自己，又陷入了对丈夫的胡乱猜想中。

我让安雨娜先解决好自己的问题，然后再看看下一步怎么做，这些情感上的纠缠需要她一步步去梳理与觉察、体悟，只有自己心理上安定了，才能慢慢去化解其他的矛盾。在潜意识情景对话中，我希望她能敞开心扉。

我：可以对自己表达吗？

安雨娜：我做错了。

我：还有什么？

安雨娜：我错了，我很沉重，我很内疚。

我：大声说出来。

安雨娜：我很沉重，我很内疚。（哭泣）

我：说出来，大胆说出来就是丢掉包袱。

安雨娜：我很沉重，我很内疚，我要丢掉包袱。（重复）

安雨娜边哭边说，声音由小声到大声，语气也越来越有力，越来越坚定。那些纠结压抑的情绪，随着她的哭喊声渐渐消散。我问她说过这些之后有什么感受，她表示内心变得稍微轻松了一些。但她还是很担心，不知该如何面对丈夫，因为这件事其实两个人并没有面对面开诚布公地交流过。

我让安雨娜继续与丈夫进行潜意识对话，在想象的画面中，她约见自己的丈夫。

我：见到老公了吗？

安雨娜：见到了。

我：他的表情如何？

安雨娜：表情很冷淡，很厌烦我。

我：告诉他，不要烦我。

安雨娜：不要烦我！（重复）

我：还有什么想说的都说出来。

安雨娜：让我们重新开始，我做错了事，希望你大度一些，宽容我一次。

我：继续表达？

安雨娜：希望你大度一些，宽容我一次。（重复，伴有哭泣）

我：现在他的表情怎样了？

安雨娜：平和了一些。

如何处理夫妻关系是门大学问，夫妻之间对彼此的态度，往往容易导致夫妻关系的变化。安雨娜一直是高高在上的公主，在她的婚姻世界里，丈夫始终围绕着她转。她如今能在潜意识中向自己的丈夫认错，就是自我反省的开始。知错，愿意改错，是解决夫妻矛盾的良好开端。

爱的觉悟

经过六七次咨询，安雨娜逐渐打开了自己的心结，但是现实中他们夫妻关系该何去何从，对比安雨娜依旧还是迷茫。

为了让安雨娜进一步正视自己的问题，我让她继续想象一个画面，面对自己丈夫，澄清自己的情感状态，然后妥善处理好两个人的关系。

我：问问自己是不是还爱着老公？

安雨娜：我真的爱他吗？是不是还很爱他？（重复）

我：很矛盾是吗？

安雨娜：很矛盾，我也弄不明白。

我：到底爱不爱他？

安雨娜：我……（哭）

在我的压迫指令下，安雨娜嚎啕大哭起来，哭得很委屈，也哭得很无奈。显然，她有些回避自己的感情，或者，她真的还没有弄明白自己的情感状态，不知道该怎么办。我想起莎士比亚借哈姆雷特之口说的一句话："一个人最大的苦恼和问题是，不知道该怎样、不该怎样。"的确，我们每个人活着的最大任务是读懂自己、认清自己，然后才能做出理性决定。

咨询过程中，许多来访者的改变是艰难的，有时候刚刚开始有了一些进步，又会退回到初始的状态。在反复迂回中，咨询师也需要根据来访者的状态，或艰难推进，或另辟蹊径，努力去寻找一些适合来访者的方法。

我尝试切换画面，让安雨娜观摩一下自己父母的婚姻状况。很多时候，"当局者迷，旁观者清"。作为当事人，在夫妻关系中陷入困局而难以抽身很有可能是因为不能跳出自己的局限。如果安雨娜能把父母的婚姻状况当成一面镜子，或许可以从中得到一些新的启示。毕竟我们的认知方式、处事方式很多都是从原生家庭习得的。

我：看到爸爸妈妈的婚姻现状吗？

安雨娜：看到了，不太好。

我：发生了什么？

安雨娜：爸爸爱打羽毛球，认识一位女球友，两人关系很好。

我：然后呢？

安雨娜：妈妈很生气，天天没有笑脸。

我：嗯，还有吗？

安雨娜：以前只是听妈妈一面之词，妈妈说爸爸不好，我就觉得是爸爸不好，爸爸做得不对。

我：然后呢？

安雨娜：现在想想爸爸肯定也不开心，妈妈也有做得不好的地方，他们缺少沟通，两个人经常互相折磨，婚姻不幸福。

我：那对比自己的婚姻，你有什么启发吗？

安雨娜：不能只要求对方，要换位思考，相互体谅。

果然，安雨娜在潜意识中看到了父母婚姻状况不好的一面，并且能很快与自己的夫妻关系对比起来。通常情况下，婚姻出现状况，双方都有一定的责任，好的夫妻关系都是靠双方共同经营的。安雨娜很清楚，自己一直被刘立明深爱着，她心安理得地享受着丈夫的爱。她从妈妈那里得来的认知是，男人就是应该爱着女人，男人稍微有对女人不好的表现，肯定就是男人做得不对。但自己又做得如何呢？作为妻子应该怎样爱丈夫呢？夫妻之间到底应该怎样相处才是真正的和谐呢？这些问题她也许从没有真正思考过。

我问安雨娜，以前他们夫妻关系好的时候是怎样相处的。她说她丈夫的性格不是很外向，是比较忠厚老实的那种，生活上比较会关心人，但谈不上很浪漫。特别是在夫妻生活方面，丈夫不是那么主动，她也不好意思跟丈夫说。她说："这种事情，还要女人说出口，是不是太那个了。"

安雨娜说的"这种事情"，是很多夫妻心中认为的"禁区"，夫妻生活，你以为我明白，我也以为你明白，各怀各的心思，都觉得太"那个"了。结果往往是彼此打哑谜，两个人都没有真正面对现实问题。妻子有情欲不敢向丈夫表达，丈夫有顾虑也不好意思在妻子面前提及，这样的夫妻关系，当然很容易出问题。

我笑着对安雨娜说："你不好意思向自己的丈夫说出来，但你的身体是诚实的，肯定不会欺骗你。"安雨娜不好意思地说："冯老师，我知道错了，我之所以出轨，的确也有这方面的原因。"

"男人来自金星，女人来自火星。"男女对情感的认识与理解很多时候不在一个频道上，容易造成彼此误读。比如男人觉得"我不回家是因为工作加班"，但妻子却容易理解为"你宁愿多待在单位加班，也不愿意回来多陪陪我，你心中完全没有我，你不爱我"。同样的，夫妻如果一方在外面有外遇，其根本原因有一点，就是忠诚的一方并不一定了解外遇方的性需求，彼此的错位认知，很容易导致夫妻关系的分崩离析。

安雨娜说，之前丈夫对自己真的太好了，他一心一意地待她和她的家人，把爱的重心都放在自己家里这边。结婚以来，大部分除夕夜刘立明都是在岳父岳母的大家庭里过的。他们夫妻甚至很少回去看望她的公公婆婆，每次去都是礼节性地看一下就走了。她从来不觉得有什么问题，但现在想想，是不是自己对丈夫及丈夫一家的关注与付出太少了？

安雨娜有这些想法，让我感到很高兴。好的婚姻是一场修行，如果人们能够参透夫妻相处之道，明白自己的角色定位，婚姻自然功德圆满。而目前安雨娜的婚姻出现了困局，也绝不是一朝一夕的事情，改变起来也需要一个过程。

《易经》中有这样一句话，"天行健，君子以自强不息；地势坤，君子以厚德载物"。这句话如果放在夫妻关系中，那么男人就可以比作天，女人可以比作地。一个家庭中的男人要有担当，有责任心，能成为一个家里的顶梁柱。而女人则要学会包容，要温柔体贴，能照顾好家人。天地同心、阴阳相交，这样的夫妻关系才是和谐的。良好的夫妻关系可以使家庭稳固、人生幸福、事业发达。在这种环境中生活，家庭里的每个人一定会积极努力、乐观向上。

这次咨询结束之后，安雨娜的咨询暂时停了下来。我很清楚，通过六七次咨询，安雨娜的内心已经有了很大的触动，她只是需要一些时间来调整自己的认知，然后才有勇气尝试作出一些实际的改变。我给安雨娜布置了一道家庭作业，希望她回去以后好好跟丈夫沟通，把她在咨询中的所思所想都跟丈夫做一个分享。

回归爱的本位

果然，过了两三个星期，安雨娜又来了。她穿着一件白色的连衣裙，头上戴着一顶淡紫色的帽子，依旧那么明艳动人。只是这次，她略略平和了些，她说："冯老师，我想清楚了，我与丈夫的缘分未尽，我们会好好经营自己的婚姻的，因为我们毕竟是自由恋爱，也有感情基础，还有一个美丽可爱的女儿，如果我们过不好，她以后怎么办？"

安雨娜说，回去以后，她好好回顾了自己的生活，也反省了自己。她还专门去了一趟上海，与丈夫面对面进行了交流，彼此都说了一些真心话，她感觉自己做妻子很失败，丈夫之所以对她冷淡一方面是丈夫投资了几千万资金的项目，工作压力很大，没有多少人可以为他分担。以前她也从来不关心丈夫生意上的事，只管花钱。另一方面丈夫身体不舒服她也不知道，半年前丈夫因为打高尔夫球扭到了腰，但丈夫嗜球如命，伤还没好全就又带伤上阵，把小毛病变成了陈伤旧疾。已经被球友调侃"腰不行"的丈夫出于男人的自尊没有告诉她，可能这也导致他对过夫妻生活有些心理障碍，并不是有意要冷淡她。反而她以为丈夫也想"以牙还牙"，去外面找女人，她确实是"以小人之心度君子之腹"了，丈夫根本就没有什么外遇。

我说："那很好，弄清楚了彼此的误会、能相互理解就是很大的进步，接下来我们看看自己还能做些什么。"

安雨娜说她明白自己的婚外情确实给丈夫造成了伤害。自己做错了事，该自己承担责任，但光承担责任还不够，还需要勇于修正自己。安雨娜好奇地问："冯老师，如果我能接纳现在的状况，积极改变，我丈夫是不是也会跟着改变？"

当然是，要想改变别人首先要改变自己。当我们的婚姻出现问题，当我们的爱人开始渐行渐远，我们都要及时发现夫妻关系中出现的各种问题，不管是通过学习、咨询还是其他什么方式，只要行动起来，用对方法，积极改变，努力提升爱的能力，就可以找回曾经丢失的幸福，继续牵手相伴。

我让安雨娜想象在一个平静祥和的画面中，在潜意识中又一次与丈夫进行对话沟通。

我：你看到老公了吗？

安雨娜：看到了。

我：他的表情如何？

安雨娜：好像很平静。

我：想对他说些什么？

安雨娜：老公，我们重新开始。

我：还有什么想说的？

安雨娜：以前是我做得不好，我会好好爱你，就像你曾经爱我一样。

我：重复刚才的话。

安雨娜：我会好好爱你的，我一定会好好爱你，就像你爱我一样。（重复）

我：现在丈夫的表情怎样了？

安雨娜：他很幸福的样子，我上前去拥抱他。

至此，安雨娜打开了自己的心胸，以崭新的姿态开始重建他们的夫妻关系。在一个家庭中，夫妻关系是家庭关系的核心，而爱是让夫妻关系健康、牢固的最高原则，只要爱还在，夫妻关系再续前缘就不是问题。安雨娜对丈夫的爱由一开始恋爱时的爱慕，到七年之后的与他渐行渐远，再到她通过自己不断地调整，又重新找到内心爱的源泉，这个过程虽然艰难，但终究是更好的开始。

最后一次咨询，安雨娜把她的丈夫也带来了，这让我有些意外。原来，安雨娜的转变，让她的丈夫也对心理咨询充满好奇，他也想试试。我安排另一位咨询师给安雨娜丈夫做咨询，夫妻同时为自己的亲密关系而努力，是家庭中的幸事。安雨娜满怀希望地进入了咨询中的潜意识画面。

我：你看到了什么画面吗？五年、十年以后自己的婚姻家庭是怎样的？

安雨娜：我做了很多菜，我们一家人在一起吃晚饭。

我：那是什么感受呢？

安雨娜：其乐融融的样子，很幸福。

我：很好，你老公是什么表现？

安雨娜：他也很幸福，女儿也很幸福，一家人在一起享受天伦之乐。

我：那还有什么吗？

安雨娜：看到许多人都祝福我们。

我：什么心情？

安雨娜：真的很开心、很幸福，彼此亲密无间。

我：好，那我们向前迈步，先走一小步，再向前走一大步，迈向幸福的未来。

安雨娜：我好像随时准备着拥抱自己的幸福。

"百年修得同船渡，千年修得共枕眠。"我让安雨娜在潜意识中去看到五年或十年后，自己的婚姻状态是什么样子，家庭是什么样子，目的是让她有一个心理预期，也就是相当于给幸福设定了一个新的程序，这也是一种情感图示，当事人在潜意识中可以朝着这个目标和方向去努力，她的未来就是自己描绘出来的样子。

英国心理学家约翰·鲍尔比认为：我们每个人都会从与至爱的成千上万的细小互动中概括出一般规律，并在我们的脑海中建立爱与被爱的行为典范，这些典范指引我们一路向前。的确，一旦我们建立好了自己爱的行为典范，相互坦诚、注重沟通，夫妻之间能够经常保持爱的互动，回归到家庭中爱的本位，丈夫做好丈夫的角色，妻子尽到妻子的责任，夫妻双方都能遵循共同选择的目标而奋勇向前，那么夫妻关系自然会越来越和谐，家庭也会越来越幸福。

后 记

半年以后，正是炎热的暑期，安雨娜一家三口专程来到新异心理拜访我。他们手牵手幸福满满地走来，他们的女儿贝贝是个小美人，活泼可爱，听到她爸爸妈妈叫我们老师，她跟着甜甜地叫我们"老师祖"，把我们都逗乐了。

安雨娜说，丈夫做了咨询以后整个人也改变了许多，特别是解开了他对原生家庭的情结，对夫妻关系也有了一个新的认识。丈夫给她投资了一家公司，专门做模特培训，她负责管理。他们联手打拼，家庭事业都越来越顺了。她非常感恩心理咨询，说一个人的改变是从心理开始的，只要愿意改变，一切都会变得更好。这是她最大的收获。

她还说以前他们夫妻很少回家看公公婆婆，但现在他们会经常带着小孩回家看望爷爷奶奶，他们重新体验到了一家人在一起简单的幸福与快乐。

前不久，安雨娜还发给我一个视频：灿烂的阳光，蔚蓝的大海，金色的沙滩，还有海鸥在滑翔，他们一家三口在捡贝壳，他们时而欢笑时而大叫："找到彩贝啦！找到彩贝啦！"那幸福的叫声与笑声，让我也跟着陶醉了。

送人玫瑰，手有余香。作为一名心理咨询师，还有什么比看到来访者一家人的幸福美满更让人高兴的呢？

第一节
开到荼蘼的爱恋

要完全与另一个人发生关联，人必须先跟自己发生关联。如果我们不能拥抱我们自身的孤独，我们就只是利用他人作为对抗孤立的一面挡箭牌而已。

——唐纳德·温尼科特

有人说爱情是一场偶然的遇见。实际上，它并不偶然。那些被我们认可的关系，往往是在潜意识的支配下发生的，不过我们对此没有觉察。很多时候，看似是意识在支配我们的行为，其实，是潜意识在背后导演大多数的偶然。

同时，我们的潜意识又会在不知不觉中，被外在的环境悄然改变。从呱呱坠地到垂垂老矣，我们看过的、听过的、经历的各种事件，在不自觉的时候，被悄悄写进潜意识里，成为我们看待这个世界的背景和底色。那些想改却改不了的习惯性思维、习得性无助，我们会被什么样的人吸引，会在哪种关系里沉溺，大抵也都与此相关。

所以，卡尔·荣格才会说："当你的潜意识没有进入你的意识，那就是你的命运。"

中年少女

阿敏出现之前，我先见到的是她的闺蜜小月。小月一幅忧心忡忡的样子，精致的五官皱成一团，她跟我简要叙述了阿敏的情况：一个月前开始，小月几次听到阿敏给之前婚外恋时期的对象打电话，并用自杀威胁对方，要求对方离婚。

小月叹着气，苦恼地说："冯老师，阿敏的老公——当然现在已经是前夫了，他老实又顾家，对阿敏也好，虽然他们离婚了，还常给我打电话，问她过得好不好。你看她虽然长得漂亮，但毕竟是奔四的人了，谁能想到她还会为了一段婚外情而抛夫弃子，像现在这样要生要死的呢？那个男人没离婚，肯定也没打算娶她，我真怕她哪天想不开，做了傻事。"

阿敏在三天后来到咨询室。她穿着最普通的牛仔裤黑线衣，长发用一根木簪子松松地挽成发髻，几缕碎发荡在腮边。举手投足间，纤秾合度的身材有形容不出的风韵。明媚的晨光自她的背后泛出一圈光晕，她的脸颊也自带光芒：皮肤白得透亮，婉转的眉，黑漆漆的眼，静静地瞅着人，不需开口，就有种脉脉含情的味道。

她的美丽超出我的想象，咨询室的接待人员也纷纷感慨："她要是再年轻二十岁，去竞选港姐也没问题。"

她落座后，直接表达了质疑："冯老师，其实是小月让我来找您的。她很担心我。但我觉得，心理咨询解决不了我的问题，我遇到的都是现实中的情感问题。"

情感问题就是要从心理角度分析，才能看得更清楚。因为每个人的情感发展都与我们的内在需求相关，那些看得见的和看不见的需求在原生家庭和过往经历中形成，被我们的信念和价值观影响。

　　为了说明这一点，我给阿敏举了一个例子：同样是被不喜欢的男人送花表白，甲姑娘不打算接受对方，但是被人追求让她感受到被欣赏的喜悦，她的做法是礼貌地表达感谢，又坚决拒绝了男方；乙姑娘本也没打算发展一段感情，但她是讨好型人格，所以拒绝的话说得委婉，以至于让对方以为还有希望，反而更加锲而不舍地穷追猛打；而丙姑娘虽然很想接受男方的示爱，但内心自卑的她认为自己不好看、不优秀，配不上英俊多金的男方，她犹豫着拒绝后，又后悔莫及。

　　"所以，同样的情感问题，不同的人有不同的处理方式，想知道为什么会这样，还是要从心理角度来分析。"

　　我的话音还未落，阿敏就忍不住问我："冯老师，那第四种情况是怎样的呢？"

　　她似乎想在我举的例子中找到与她契合的模板，于是我接着说：这只是一个例子，不只有第四种，还有第五种、第六种情况，现实中我们看到的一切其实只是结果，想弄清自己为什么会这样处理问题，为什么同样的事情，带给某些人的痛苦是一分，而带给另一些人的痛苦是十分，我们唯有回归内心才能找到答案。

　　阿敏轻轻点头，非常配合地闭上眼睛。放松引导之后，正式进入了我们的第一次潜意识对话。

　　我请她回溯最近困扰她的事情。

　　沉默了半分钟左右，她才幽幽地开口了："最困扰的事，是我已经为现在的男友离婚了。"

我：很好，再重复。

阿敏起初重复得很平静：我已经为现在的男友离婚了。

但是，当她说到第六遍时，抖动的长睫下，泪珠渐渐沁出。之后，她越重复越伤心，开始哽咽：我已经为他离婚了，可是他说话不算数，又不肯离婚。

阿敏：他以前和我总有说不完的话。现在给他打电话，说两句就吵，他给我打电话，也常常像完成任务一般。还说我无理取闹，甚至还提出分手。

我：我们回到最近一次他说分手的现场，好吗？是什么情况？

阿敏：我在广州，给他打电话，他说很忙、不方便，我不管，就让他离婚，他在电话里忽然生起气来，和我说分手，就挂了电话。

我：我们回到当时的环境，听到他在电话里说分手的时候，你的心情怎么样？

阿敏：我很伤心，但心情平静一些，又给他打电话，然后他说你究竟想怎么样？他说受不了我。

我：再重复这句话。

阿敏：他受不了我。（重复，带有哭腔）

我：你有什么感受？

阿敏：我都为他离婚了，他却说受不了我，还不肯离婚。

她的双手相叠，扣在胸前，情绪虽有波澜，却还在压抑。理顺与男友的感情，消解这段关系带来的痛苦，是阿敏来到咨询室想要解决的问题。所以，我没有继续进行下去，在这里停留了几分钟，鼓励她将"不肯离婚"这句话重复了24遍，看到她重归平静后，我才请她继续讲述自己的经历。

　　阿敏与男友的相识是因为给家里老人看病的事情。她辗转找到舅舅介绍的同乡，也就是现在的男友，在广州某医院安排一个床位。

　　他们相识后的第三次见面，阿敏就在男友的猛烈攻势下，荒唐地与他发生了性关系。阿敏打算将这次出轨经历埋葬在记忆里，并不想打乱自己简单平静的生活。最终却在男友的主动追求下，成为他的情人，迷失在婚外情中不能自拔。在与男友商量好各自离婚，再重组家庭后，她与丈夫摊牌、离婚。但男友变卦了，这让她无比痛苦。

将覆之舟

　　情绪的积压是在过往岁月中一层层叠加的。为了让阿敏充分宣泄，我让她继续待在潜意识中，问她："现在眼前有什么画面吗？"

　　阿敏：我说我已经为他离婚了，他却说给不了我想要的，还说（停顿了5秒钟），我们不合适。
　　我：听到他说"我们不合适"这句话，有什么感受？
　　阿敏：我想死，我有想死的感觉。
　　我：告诉全世界我想死。

　　重复到第三遍，她再次哭了。恸哭的声音很大，在说出"想死"这两个字时，她的面容凄然哀伤，犹如困顿在一个看不见的牢笼中，有着无法逃离的挣扎和绝望。

　　阿敏大哭着将"我想死"重复了36遍，语气从克制到嘶喊，双手握拳捶打胸口、拍打抱枕，最后缩在沙发里哀哀抽泣。十几分钟后，她平静下来。

她说：我在农村长大，小时候，村里作风不好的女人，会被街坊邻居指指戳戳，他们说她是"狐狸精"。

阿敏依然清晰地记得，乡村的夏日傍晚，人们聚在村前屋后，饶有兴味地说着东家长西家短的事，一旦大人们声线压低，语言隐晦、眼神闪烁，露出戏谑的讪笑，发出嗔怪的叹息，阿敏就知道，他们说的是少儿不宜的事。

直到现在，阿敏依然记得有个远房的表姨和邻居家的光棍偷情，被婆家抓奸在床，最后投了河，娘家人因此蒙羞，连她的哥哥嫂嫂都说她死得"活该"。阿敏童年的认知里，不正经的女人是可鄙的，简直不配活在这个世界上。

所以，阿敏虽然和丈夫的感情并不好，也常常在吵架时将离婚挂在嘴上，但观念传统的她，没想过出轨，也没真想离婚。

男友起初答应按两人的约定与妻子离婚。可很快就改了主意，说要等儿子高中毕业再说这件事。阿敏听到这句话的那刻，内心瞬间崩塌。她为了男友，已经成为自己儿时最鄙视的那种女人，结果他还说话不算数，骗了自己。

在阿敏哭着重复了五遍"他欺骗了我"之后，我问她："当你知道他欺骗你，有什么感受？"

阿敏不停地摇头，她的脸上泪痕交错，她有气无力地说道："我不能接受，一直要求他尽快离婚。"

她说这句话时，依然有克制，我让她重复多遍"你欺骗我"，想象男友在她面前，让她对着男友痛骂，引导着她"你欺骗我"。

阿敏却还是摇头，胸口的剧烈起伏彰显情绪激动，但她在控制，不肯跟着我的指令继续进行，只是大哭着喃喃重复：我不会骂了。

我：面对他，看着他。

阿敏的泪珠一串串滑落，呜咽着：面对他，我也不会骂了。

我再次问：那他欺骗你，你有什么感受？

阿敏：他除了这一点，其他方面对我很好。（重复）

在并不彻底的宣泄后，阿敏又开始念起男友的好。这种情形让我看到一种抓取的状态，不肯死心、不愿割舍，不能让男友的爱在内心坍塌。

恰如一位漂泊海上的旅人，因留恋着暂时的安全，即使船将沉没却不肯离开，拒绝相信身下的船会倾覆海中。与男友的关系，便是阿敏的船，因为怕失去，所以她的怨和恨不过发泄了一层，就戛然而止。不过，这只是我的感受和推测，并不打算说给她听。对此刻的阿敏来说，男友的好，正是她当下心理平衡的支点和感情的慰藉。

为了求证我的判断，也为了让她将被骗的痛苦充分释放，我又一次引导："他骗你，你是什么感受？"

阿敏：他除了这个事是骗我的，其他没有骗我。

我：知道这个事情以后，你说了什么？

阿敏：我就跟他吵。

我：你说了什么？

阿敏：我不停地想跟他说话，说他骗了我，说他之前的承诺，然后他就更烦我，说我们还是算了。

我：你听了什么感受？

阿敏：我不甘心，我想不通。他说下半辈子要养我，要对我好的，可我才说了几句就烦我了，就要和我分开。

说到这里，阿敏难过得不能自已，她的鼻翼翕动、嘴唇紧咬，从胸腔发出似悲似叹的哭声，仿佛被遗弃在荒野的幼兽。潜意识对话中，来访者的状态能在很大程度上呈现他与客体关系的真实情况。而此刻，阿敏在说到男友打算分手时，绝望、无助得如同一个被抛弃的孩子。

他的怀抱

随着年龄的增长，人通常会趋于理性，对于未知的东西会审慎对待。美丽异常的阿敏在年轻时有众多的爱慕者、追求者，为什么她在青春萌动时没有为爱情沉迷，却在三十五岁这个本该成熟的年龄陷入婚外情？只为男友的一句承诺，毅然放弃家庭，看似因为爱情，却又不仅仅如此，那个让她燃烧、焕发热情，义无反顾地走出婚姻的男人，是怎么打动她的呢？

阿敏与男友之间爱意的萌生，是在肌肤相亲之后。在此之前，他们之间的关系仅限于一起吃饭而已，并且还是和阿敏的丈夫还有孩子们一起，两人只是比较陌生的熟人。

吃饭几天之后，当时还只是熟人的男友给阿敏打电话，邀请她来自己住的酒店安排老人住院的事宜。大白天的，她并未多想，放下电话就赴约了。没承想，男友对她早有企图，当时阿敏被喝了点酒的男友紧紧抱住，不情愿地委身于他。

我：你心情怎么样？

阿敏：我当时吓坏了，什么都没想，就是吓坏了。

我：再重复这句话，我吓坏了。

阿敏：我吓坏了，我该怎么办？等我老公知道了，我该怎么办？

阿敏哭着重复了几次"我该怎么办"，从委屈地大哭到慢慢平静。

　　她说当时很害怕，感到自己的清白被毁了，在结束后却没有马上离开，就在紧张、气愤、无奈的心情下，大哭之后睡着了。这个细节，让我看到阿敏的默认，那是虽未言明，却在心里承认的状态，是对已经发生事情的认同。

　　阿敏讲述二人第一次亲密时，我起初没有留意到"抱"的细节。直到"抱"在另一个场景中再次出现，才引起我的关注。

　　我让阿敏回想距现在最近一次与男友会面的场景。

阿敏：7月14号。

我：在哪里？

阿敏：他说来广州看我。他一定好机票就截图发给我看。我让他自己打车来找我，他不同意，还说，"我要你来机场接我，我想第一时间看到你"。我就答应了，去机场接他。

我：你第一时间见到他的时候，心里有什么感受？

阿敏：我看着出机场的人流，没有看到他，于是就打电话给他。他问我在哪里，其实那时候，他已经看到我了，悄悄走到我身后，一把抱住我。

我：心里有什么感受？

阿敏：我吓了一跳，他搂得很紧，我觉得那一刻是幸福的。

我：再重复这句话。

阿敏：那一刻是幸福的。（重复）

我：你喜欢他抱你吗？

155

阿敏：是的。他抱着我，我靠在他怀里，一边走一边说话，一起去打车。

我：他抱着你，你有什么感觉？

阿敏沉默了半分钟，忽然抽噎，仿佛憋了口气，用力深呼吸了两次才迟疑地开口："就是觉得很幸福……好像自己是有人疼，有人爱的吧？"她最后用的是疑问句，说得很不确定，仿佛无从分辨自己的感受。

我：他和你一起的时候，常常抱着你吗？

阿敏似乎在我的问题下愣住了，这次她用了一分钟来回想，然后说起她和男友的第二次亲密接触：当时阿敏在小区附近散步，低血糖忽然犯了，头晕，坐在路边的长椅上想缓一缓。他恰好打来电话，听说后，很快赶来，给她送来一堆吃的。

阿敏：他把我抱在怀里，喂我吃东西、喝牛奶，还说我不会照顾自己。我很快就好了，他还紧紧抱着我，我就不再抗拒，随他了，反正有了第一次。

我：我们再看看，他在现实中与你相处时，常有什么举动？

阿敏：他经常抱我。我在做饭的时候，他会悄悄走到我后面，然后抱着我的腰。

我：他抱着你，你有什么感受？

阿敏：好幸福。（重复）

我：我们再去看看，自己成长的过程当中，我们是不是也喜欢别人抱自己？

阿敏：我没有印象，不记得。

我：小时候没体验过有人抱你的感觉？

阿敏：对。

我：爸爸妈妈呢？

阿敏：我是家里的大姐，还有一个妹妹，两个弟弟，我们年龄隔得很近，偶尔出门，父母都是抱着他们。从我记事起，没有人抱过我。

对话进行到这里，我几乎可以断定，男友强势的出现，细心的呵护，恰好填补了阿敏的内心缺失。作为家里的长女，她在父母那里，没有得到充分的温情，没有被耐心地宠爱，当内心中存在了三十多年的空洞刚刚被填满，谁愿意重归残缺呢？

那天的咨询，终结在阿敏感受良好的时刻。她随着我的引导，想象男友在眼前，释放了内心对男友的爱和恨，重归于平静。虽然心结仍在，平静只是暂时的，但临走时，她有了自己的领悟。

打开门，她却停下脚步，回过头来看着我，若有所思地问了一句："冯老师，我对男友的喜欢，其实是喜欢他会抱我，喜欢的，其实是他与我相处的方式，对吗？"

我没有回答，只让她在下一次的咨询到来前，带着这个问题与自己相处，在感到情绪低落时，回想被环抱的感觉，抱一抱自己内心里那个哭泣的小孩。

那是爱吗

出轨事件发生之后，阿敏把这事埋在心底，和谁也没敢说。起初有

段时间，她焦虑得吃不下饭，害怕丈夫知道，但她却并未感到对丈夫的愧疚。这显然和通常出轨女性的心理是有一些不同的。

所以，我们的潜意识对话来到她和丈夫的关系上。

阿敏因家里经济原因，高中刚上了一年就退学了，在县城里找了份工作，由于她人漂亮，追求者非常多。十里八乡辗转托人来求亲的，有养殖大户，有生意成功的富商，有级别不低的军官，有正儿八经的大学生，也有偷偷等在她上下班路上，给她写信、送花的年轻人。

但她最后嫁的丈夫，却相貌平平、憨厚老实，是老家供电局的一名技工，两人来到广州打拼后，丈夫还是找了一份技工的工作，而阿敏与人合伙经营美妆店。当我问到她选择丈夫的原因时，她思索了半分钟后，轻轻叹了口气说："我结婚的时候，也没想太多，他就是介绍人带来的，看起来老实、厚道，我觉得找老公就得是这样的吧。"

不同的人在婚姻中的需求也是不同的。有的为了爱情，有的追求金钱，有的纯粹看外貌，还有人想要名利、地位，还有优渥的生活、他人艳羡的眼神……这些需求的表象之下，有着更深层的心理原因。而阿敏关于"老公就得是这样"的认定，来自哪里？

虽然阿敏找对象的时候，是基于一种直觉的判断，但是与丈夫的婚姻却让她很失望，二人间常有吵闹，丈夫被她数落多了，也说她看不起自己。

我：面对老公什么事情都不能担当，要依赖你，你是什么感受？

阿敏：我觉得什么事情都要靠我自己。

我：我们看一看，有什么画面吗？

虽说丈夫在阿敏的印象里一直是没有担当的存在，在我问起来时，她却一时想不起具体的事件，她接下来讲述的矛盾导火索，其实是儿子。

阿敏：有一次儿子放假，我让老公看着儿子学习，我去上班。那段时间说好我来看店的，店里生意很好，收入也高。等我下班回家，发现儿子在睡觉，老公出去打牌了。我把儿子摇醒，与儿子冲突很大，我就打电话给老公要他赶紧回来。

我：再重复这句话。

阿敏：你赶紧给我回来！（重复）

我：然后呢？

阿敏：然后他就回来了。我说让你看着孩子学习，你去打牌，打牌比你儿子还重要吗？儿子也和老公说明情况，然后老公就当着孩子的面指责我也不对。

我：你听到这句话，有什么感受？

阿敏：我气炸了。

我：再重复。

阿敏：我气炸了！（重复）

我：然后呢？

阿敏：我就找他理论，吵架。

我：你说什么了？

阿敏：我说我忙到现在没吃饭，你这个男人一点用都没有，真是不能要了。

我：再重复这句话。

阿敏：你这个男人真的是不能要了（重复）。然后我就跟他吵，把家里的十几个碟子都摔了。

我：摔了之后心里有什么感受？

阿敏：摔了之后心里舒服一点了。

159

当时，阿敏的丈夫脾气也上来了，声音高起来，对阿敏说："跟儿子吵架，就找我出气，我就是你的出气筒吗？"阿敏火更大了，指着丈夫说："你工作不行，一辈子就是个没出息的小科员，教育孩子不行，'养不教，父之过'，教不好儿子就是你的责任。窝囊废，你就是我用来出气的。"

我：然后呢？

阿敏：然后我就说离婚，总之一吵架我们必定会提到离婚。

我：然后呢？他什么反应？

阿敏：和以前一样，吵到最后，就相安无事，算了。

我又一次问她：他听到你说要离婚，他什么反应？

阿敏：他没有反应。

我：他不说话吗？

阿敏：是的，他不说话，我更生气，他都没有一点认错的表示。

我：你提出离婚的时候是什么心情？

阿敏：我当时什么都没想，就想痛快。

阿敏在对话中展现的夫妻生活，大多是她在指责、数落，丈夫沉默不语。家里需要找人托关系的事情其实也没有那么多，但在阿敏的口中，丈夫胸无大志、得过且过，对生活的要求很低，孩子上什么学校、进哪个班级都无所谓，连老人生病住院，让他托个熟人安排单人病房都办不到。

阿敏嫁给丈夫的16年间，长期陷在对丈夫的挑剔和不满中，尤其当网络时代的新思潮席卷而来时，她在手机里看着形形色色华丽的生活、美好的爱情、充满欲望的人生……于是，她对鸡零狗碎的生活愈加不满。

可是，传统观念的束缚始终都在，她虽屡屡说离婚，也曾在打工、开店的过程中，遇见一些别有用心的男人，但都没有下定决心，走出"围城"。

从最灿烂的青春时代起，到走入婚姻、成为母亲，阿敏的爱情之花始终含苞待放，直到遇见男友，才让它盛开。

错过花季才绽放

阿敏说："我跟男友在一起后，他一点点地对我好，我慢慢就把心转到他身上去了。我跟老公的感情也不是很好，老公说我瞧不起他，我也觉得他没有担当，什么事情都不操心，连孩子上学的事都要我出面搞定。而男朋友不管我遇到什么事情，都主动出头，在我面前表现得很好，我很快动心了。"

在阿敏的童年记忆里，父亲是个模糊的形象。他是县城化工厂的普通工人，虽然端着铁饭碗，却一周才回家一天，偶尔回来，也很少和孩子们交流，而是赶去地里忙活。母亲一个大人带着四个孩子，家事繁忙到每天起早贪黑都干不完，从阿敏有记忆起，不是帮妈妈做家务，就是帮着照看弟弟、妹妹。

那时候，农村人出去打工的少，家家户户主要靠种地为生。别人家的女人只有插秧收稻的时候才下地，妈妈却要天天去地里。阿敏现在都能回想起来，妈妈弓着腰，包着花头巾在热辣辣的太阳下劳作的样子。头巾是墨绿的底，带着鹅黄碎花，总沾着三两根草屑。妈妈从早忙到晚，很少有空关照阿敏，即使能与孩子亲昵片刻，也是抱着弟弟或妹妹，给他们喂饭、洗澡。

昏暗的堂屋里，父亲坐在小马扎上，一口接一口地抽着烟袋不说话，

母亲一面忙着手头的活计，一面数落父亲，说他就知道拿点死工资，不会赚外快，家里的事指望不上他，嫌弃他在该出头的时候不说话，是个窝囊废。

阿敏说到这里时，忽然不说话了。十几秒钟之后，她幽幽地开口，自言自语道："我妈妈抱怨爸爸的那些话，和我说老公的好像。"我知道，在那一刻丈夫的形象与她回忆里父亲的形象重合在一起了。

越是农忙时候，家里的气氛就越紧张。父亲从县城里赶回家帮忙，回来不及时、干活不利落会挨骂，妈妈累了也会骂爸爸给单位出力不少，挣钱不多，又笨又憨！虽然父亲给予阿敏的温情很少，但年幼的阿敏还是很想爸爸回家，即使父亲从来没有抱过她，与她的对话也很少。

原生家庭里父母的相处模式，常常以相同或相反的样子，在孩子的婚姻或恋爱中重复上演。表面上看，两性关系是我们与配偶的互动，实际上，却是以另一种方式演绎童年时观察到的父母关系。

爸爸在家庭中是力量的象征。这种力量感不单指给家庭提供物质的保障，还要起到两个层面的作用，才能给孩子带来充分的安全感和价值感。爸爸既要在家庭中有所承担，体现父亲的权威，还要在亲子互动中，给孩子精神上的引导。几乎每个孩子都渴望拥有一个强大的、爱自己的、能够保护自己的父亲。假使孩子童年时期不曾感受过足够的父爱，长大过后，也始终会有缺失，会在无意识中为童年寻找补偿。

阿敏关于两性关系的认知形成，受到了两方面的影响。一方面，孩子往往会倾向父母亲中弱势的一方，在母亲的强势下，阿敏对父亲其实有着隐性的忠诚，当她遇到与父亲相仿的丈夫，就产生了认同心理，让她走入婚姻的不是爱，而是要与父亲在一起的心理站位；但另一方面，小时候父爱的匮乏，又让她的内心缺失，想要依靠，寻求安全，渴望力量感。所以，阿敏的婚姻，是与父母关系的趋同，父弱母强；而她的婚外情，则选择了背道而驰的模式。

对话的进行中，阿敏意识到她的婚姻不只受到传统观念的束缚，还受到父母关系对她的禁锢，只有从与父母的关系中解脱，我们才能联结自己的内心，拿回心理层面的对自己生命的自主权，以及获得挣脱禁锢的力量。

我引导阿敏回到小时候，想象父母在眼前，通过与他们的对话，表达童年的渴望，让期盼得到实现。

我：我们回到小时候，你七八岁，是大姐姐，看看那时候，爸爸是什么样子？妈妈是什么样子？想象一下，爸爸抱着你。

阿敏：没抱过，小时候没抱过。

我：再重复这句话。

阿敏：小时候没抱过。（重复）

我：你想爸爸抱你吗？想妈妈抱你吗？

阿敏：想。

我：我们现在告诉爸爸妈妈，好不好？

阿敏：嗯。

我：跟爸爸说，爸爸抱抱我。

阿敏：爸爸抱抱我。

我：再重复。

阿敏：爸爸抱抱我。（重复）

我：看看爸爸抱你了没？

阿敏抿嘴笑了：抱了。

我：心里面有什么感受？

阿敏没有回答，我又换了种问法：爸爸抱你的感觉怎么样？

阿敏：感觉好温暖。

我：再重复这句话。

阿敏：感觉好温暖。（重复）

我：现在心里面有什么感受？有没有看到爸爸抱你的时候，他的表情？

阿敏轻轻咬着嘴唇，仿佛在端详。

我：有什么画面吗？

阿敏：其实爸爸的感觉，也是很无奈的。

我：再重复这句话。

阿敏：其实爸爸那时候也很无奈。（重复）

我：你有什么话想跟爸爸说吗？

阿敏：爸爸，你赚钱照顾我们一大家子，其实也是不容易的。

我：再重复这句话。

阿敏：爸爸，其实你也是不容易的。（重复）

当阿敏在潜意识中能够体谅爸爸的无奈，就看到妈妈对爸爸的评判，有很多不对、不公平的地方。妈妈的情绪发泄，爸爸的包容忍耐，被不懂事的小阿敏当成了事实的真相。

阿敏："村里大多数的人家，连一个大学生都没供养出来，我家四个孩子，除了我，弟弟妹妹都上了大学，留在大城市里。这些肯定主要靠爸爸的工资。我一直觉得爸爸窝囊，其实，他只是不善于表达，别人说什么，他都笑笑，是我一直误会了爸爸，他也是爱我的。"

带领阿敏与父母做了和解后，我再次确定她的感受："你自己感觉怎么样？想跟爸爸说什么？"

阿敏：爸爸我爱你。

我：再重复。

阿敏：爸爸我爱你。（重复）

我：爸爸能听到吗？你说爱他的时候，他有什么反应？

阿敏：他只会笑，不说话，笑得很慈祥，对我点头。

我：你看到他这样，你有什么感受？跟自己现在的事情有什么对应关系？

阿敏：我也很高兴。忽然觉得男朋友给的温暖，其实是寻常的伴侣应该给予的，也没有什么值得留恋的。

阿敏在对童年的回溯中重新感受到父亲的爱后，进行了很直接的"我爱你"的表达，这让我非常欣喜，这说明她突破了内心的情感障碍，也突破了中国人传统的含蓄，将最纯粹的亲子之情直抒胸臆。

花事了后，却重现温暖

在与父母和解后，阿敏退出潜意识对话，望着我说："冯老师，无论男友最终会不会和我分手，我已经不想死了。之所以先前我会不管不顾地想和他在一起，不是因为他有多好，而是因为他恰好表现出我喜欢的那一面，对吗？"

的确如此。年轻时，她虽然貌美，但很怕被人说成"不正经"，所以对待男人的追求总是冷冰冰的，不假辞色，更是得了个"冰美人"的外

号。那些男人对她全是小心翼翼地讨好，没有谁敢越过"雷池"，走进她的内心。

倒是男友当初因酒上头，对阿敏直接、粗暴地表达了企图，反而让阿敏体会到内心渴望的力量感。那是阿敏多年来的遗憾。他的怀抱弥补了缺失的父爱，他的强势带来了新奇的体验，这让阿敏沉沦其中。当她的核心需求被满足，爱情之花也尽情地绽放。

望着阿敏端丽宁静的脸，我体会到一种震撼。在心理咨询的工作中，我常常在很多来访者那里感到一种神奇的力量，我知道那是原本就存在于他们内在的生命力，在成长的顿悟中，快速复苏。一开始被外部事件困扰的他们，随着咨询的深入，会转而探索自己的内在。

第五次咨询，阿敏如约到来，颈间一条秋香色的丝巾显出十分的好气色。这次咨询中我们通过回忆两件事情，处理了一个情结。

我：看看自己比较在意的事情？我们现在还有什么想要解决的问题？

阿敏：我有时候给男友打电话，他可能在忙，没来得及回。我好烦，就一遍遍给他打电话，即使明知道他在忙。

我：你会怎么讲？

阿敏：你怎么回事啊？又不回我电话，又不回我信息。你是不是烦我了，是不是故意不回信息？

我：那时候你的心情是怎么样的？

阿敏：我很焦虑。（重复）

我：做一下深呼吸，把这种焦虑释放出来。回到当时的画面。打电话给他，没接，心里面很焦虑。做一个深呼吸，把这个焦虑的情绪释放出来。然后想说什么？

阿敏：我的确很黏人。他常跟我说"我不接电话肯定是在忙，我不忙的时候会打给你的"。总说我"你就是想多了，就是爱乱想"。

阿敏知道自己黏人，但同时，她又认为自己是有资格的。她流畅地描述自己对他的好：他的衣服鞋子大部分是我买的，他说在家里吃得不好，他老婆什么都不管他，每个星期都要来找我，我就会满心欢喜地买来他爱吃的做给他吃。

我：你觉得这些都是你应该做的对吗？

阿敏：对。

我：还有吗？还有类似的事情吗？

阿敏沉思了几秒钟，说：他老婆性冷淡，我跟他会每周都有一次。

在这段对话中，我看到了一种既有讨好，又有控制的惯性思维：我对你好，你也要对我好，我付出了我的爱和关注，所以你要回馈给我同样的爱和关注，你给我的，我觉得还不够，我想要你按照我的方式来。

阿敏主动回溯类似的事件时，想到自己与儿子的相处也常常如此，自己付出了很多，孩子却常常不领情。

阿敏：儿子对我态度不是很好。我们两个总是互掐。我和儿子说话，他基本不表态，我一说话他就反感。

我：我们看看为什么会这样？

阿敏：他上网、打游戏，我管得有点严，他不爱听我的话。

我：只是因为管得严吗？我们感受一下他的心情。

阿敏进入反思的状态。她的脸上浮现出困惑、挣扎的表情，眉头微

敏，隔了一分钟才开口："我觉得管得严都是为他好，我自己没有学历，总觉得低人一等，可他不喜欢听我说那些话，我越焦虑，他越反感。"

无论是对男友行踪的追查、对儿子学习的紧张，还是对丈夫不上进的反感，都有想要控制的欲望在，而控制的背后，则是焦虑和匮乏。只有当我们与自己真正地关联，才能与这个世界更好地关联。

在陪着阿敏与男友夫妻、丈夫、儿子一一做了和解之后，我请她回顾过去，回到20年前、30年前，看一看让她焦虑、担忧、害怕的事情。

阿敏：小时候妈妈带着弟弟、妹妹去外婆家，傍晚还不回来。我去村口等她。

我：当时发生了什么事情？

阿敏：天快黑了，我往外婆家的方向走，心里有点怕，想见到妈妈。（重复"想见到妈妈"）

我：大声喊妈妈，让她快点回来。

阿敏：妈妈，你快点回来吧。（重复，鼻音逐渐加重）

我：抱着妈妈和她说心里想说的话。

阿敏：妈妈我爱你，你下次带我一起去吧。（重复）

我：她不带你去，你会怎么样？

阿敏：我一个人在家会害怕的。

类似被忽视的情形，在阿敏的童年里时有发生。那个坏脾气的、忙碌的妈妈让阿敏有两种恐惧，一是怕妈妈会像生气时对爸爸说的那样，离开这个家；二是怕妈妈因为孩子多、家务累，不想再要她。毕竟，在阿敏的眼睛里，妈妈对弟弟妹妹的照顾更多。

我引导着阿敏，想象拥抱着妈妈说出心里话。把那些小时候的害怕和担忧，没能上大学的遗憾，悉数倾诉出来。当与妈妈和解后，阿敏整个人从表情到声音都柔软下来。

我：现在能感受到妈妈的心情吗？

阿敏：其实我妈妈也是好辛苦的。

我：还有什么想和妈妈说？

阿敏的鼻音有点重，她感动地说：妈妈我爱你。（重复）

我：妈妈什么反应？体会一下妈妈的心情。

阿敏：妈妈每天为了我们操劳很多，太辛苦了。妈妈也是很爱我们的，爱我们每一个人。

我：有什么感谢的话想和妈妈说？

阿敏十分深情地重复了十几遍：妈妈，谢谢你。

我：小时候妈妈没有拿钱供你读书，你现在有什么感受？

阿敏：我现在一点都不恨了。（重复）

阿敏释放对父母的怨恨后，对男友能否离婚的执着也不复存在。她回想第一次来咨询室，痛苦到不想活了的那个自己，如同看着另一个人。她打算就此放下对男友的追踪和逼迫，她说："如果他爱我，自然会给我名分的。"

后 记

阿敏没有等男友离婚。她回了家乡，通过一系列的努力，重新获得了丈夫的信任，他们也随即复婚了。这个消息让小月十分欣慰，她来到咨询室，和我分享喜悦。在小月看来，在什么年纪就要做什么事情，一

个年逾四十、青春不再的女人，回归家庭，在丈夫和儿子身边才能有幸福的下半生，阿敏原来的婚外情就是一种不符合年龄的折腾。

在应该被宠的时候未被宠爱，在应该恋爱的年龄没有恋爱，所以，阿敏要补上这些缺失。当她通过潜意识对话，看到遗憾，认清现实，在想象里实现圆满，将美好的感受写进潜意识，她的自我力量就开始萌生，而男友所谓"强势的爱"也就此失去光环。丈夫善良、踏实的爱被她重新看见，所以，阿敏的决定，不单是基于现实所做的取舍，更是内心的选择。

现实生活中，很多错位的感情、纠缠的关系，正如阿敏的故事一样，与原生家庭有着千丝万缕的联系，受到新旧观念的交替影响。唯有深入潜意识，看清早年形成的客体关系，识别它在现实情境中的映射，才能抚平心中缭乱的涟漪，收获平静和幸福。

第二节
对成功的执念

对每个人而言，真正的职责只有一个：找到自我。

——赫尔曼·黑塞

有一句偈语道："执执念而死，执执念而生，是为众生。"日常中，执念一词可形容为对某事物极度执着而产生了过度追求的念头，有时也是一种不理智的心理行为。比如某件工具性质的物品找不到了，本来找个替代品是很容易的，可是执念重的人非要找到不可，找不到誓不罢休，哪怕它并没有什么不可替代性。

在生活中，我们每个人或多或少都会有一些自己的执念，一方面它可以让我们执着于前进的目标，努力奋斗，实现梦想；另一方面过度的执念也可能给我们带来一些烦恼和痛苦，甚至影响我们的身心健康。

那么，一个人的执念究竟来源于哪里？如何化解自我执念，更好地开创我们的人生，享受当下美好的生活呢？顾菁菁的个案或许对很多人有所启示。

不是我要做咨询

我的助理小云兴高采烈地告诉我，有一位教育专家预约来做心理咨询，她迫不及待想见一见。

小云说的教育专家叫顾菁菁，她是菁菁教育集团的董事长。在海滨县，她一个人创办了10所连锁幼儿园，盘活了当地大部分的幼儿教育资源。很多人经常可以在电视新闻上看到关于她的报道，所以只要提到菁菁教育集团，都知道顾菁菁的大名。

顾菁菁在一个周末的下午来到了新异心理咨询中心。小云高兴地把她引进我的办公室。我端详着眼前的女人：四十岁左右，身材娇小，齐耳的短发，耳朵上戴着一对珍珠耳环。身上穿着一套淡蓝色的职业裙装，脚上穿着白色的高跟鞋。她化了淡妆，显得知性、精干，但精致的脸庞却传递出满满的焦虑。她尴尬而自嘲地说："冯老师，我也是老师，为什么我偏偏教育不好自己的女儿呢？"她的声音很甜美，但语速快而急促，就像筛豆子一般。

我一听，知道她大约是因为母女关系而来，便请她坐下来慢慢说。她走到沙发边，显得有些拘束，又似乎有些无奈。她接着说："最近我经常为了女儿的事情而失眠。她今年十七岁，正在读高二，扬言要与我决裂，竟然还以自杀相逼。她太不懂事了，这样下去如何是好？我想让你帮我想个办法让我女儿来做咨询，不是我自己要做咨询。"

顾菁菁的一席话，让我听起来颇感意外。闹到女儿要自杀的地步，可想而知她们母女关系的紧张程度。可这位妈妈竟然只要女儿来咨询，好像此事与她关系不大，都是孩子的问题。但我转念一想，这也是大多数家长的共性，孩子出状况后不善于从自身找原因，处处拿孩子的问题来说事。原来教育专家在教育孩子的过程中也是如此。

我估计，如果我当下跟她去探讨女儿的问题，她大概率会没完没了地数落孩子，强调自己的教育理念，指责孩子的忤逆。于是我决定避实就虚，先探探她当前所遇到的其他事，然后再寻找恰当的时机关联到子女教育问题，通过不同的途径来达到效果。我让她先不要太着急，十年树木，百年树人，教育孩子的事情不是一蹴而就的，先梳理一下自己最近的情绪，看看到底都有些什么事情引起自己的焦虑。

顾菁菁稍微沉默了一下，她将了将头发，又看了看我，脸上依旧泛着愁容。随即她支支吾吾地说起了自己的遭遇：事业开始走下坡路、家庭也不和，周围熟悉的老同事和员工一个个离开自己。面对这一切，她常常情绪失控，莫名地生气、发怒，暴躁无比，自己也不知道什么原因。她放低声音说："要不我就先做一次咨询试一试？"顾菁菁略带迟疑的问话与忧郁的眼神让我明显感觉，她一定遇到了很多具体的烦心事，可能碍于自己教育专家的面子，不愿意放下身段求助他人。

他们必须听我的

果然，顾菁菁一张口就提起自己的教育事业。尽管她一边解释好汉不提当年勇，一边还是绘声绘色地向我讲起了她曾经辉煌的事业：十五年来，她一共创办了 10 所幼儿园，有 400 多名教职人员，有 3000 多名在园儿童。无论走到哪里，都有人尊称她为顾董或顾园长。她还经常到各地开展育儿讲座，广泛推广自己的育儿理念。顾菁菁日理万机，事业欣欣向荣，她一度沉浸在成功的光环里。然而这一切，在两年前开始变

了样。

说到这里，我注意到顾菁菁的眼角突然滑出了几滴泪水。我正想递给她一片纸巾，但她迅速用手把泪水擦掉，搓了搓脸，顷刻又回到理性的状态。我让她闭上眼睛，深呼吸，以完全放松的状态进入到潜意识中，看看到底发生了什么。

我：最近发生了什么？

顾菁菁：我经常情绪失控。

我：面对谁会情绪失控？

顾菁菁：我的一些老员工。

我：是什么原因呢？

顾菁菁：他们一个个都开始离开我。

我：他们为什么离开？

顾菁菁：因为他们看不到希望。（重复）

我：为什么看不到希望？

顾菁菁：因为他们觉得我的教育模式出了问题，提了很多意见。

我：然后呢？

顾菁菁：我没有接受他们的意见，也不打算接受。事情源于两年前，一个跟了我15年的老园长离开了，我至今无法释怀。

顾菁菁所说的老园长姓文，大家都叫她文园长。文园长是菁菁教育集团的总管之一，管理能力强、工作有魄力、特别敬业，很受广大员工的信任和尊重。工作中，文园长忠于集团的企业精神和幼儿园的教育理念，帮顾菁菁推行一种 A＋N 教学模式，这是他们幼儿园的主要教学模式，教学效果不错，也得到家长的广泛好评。

但最近几年，随着网络的发展和教育理念的更新，旧的教学模式难免有需要革新的地方。文园长对顾菁菁的教学模式提出了自己的意见和看法，但始终得不到顾菁菁的理解和认同，一气之下，文园长以生病为由，提出离职。

顾菁菁对此深感意外，文园长是她最早的老伙计，一直跟随着她，同甘共苦很多年。在顾菁菁心中，文园长既是她的好朋友，也是她的好搭档。她们在事业上携手共进，顾菁菁从没有想过她会第一个离开。这件事情对顾菁菁来说宛如晴天霹雳，更糟糕的是，园长一走，不知为什么，很多人也都相继跟着想要离开。

事情已经过去两年了，眼前的顾菁菁在说起文园长离开时，依然情绪激动，她嘴里喃喃地说："真不明白她为什么离开我，为什么离开我？"为了让她进一步充分释放情绪，也进一步看到自身可能存在的问题。我让顾菁菁在潜意识中回到当时的情境。

我：看到了什么？

顾菁菁：她要离开我。

我：大声说出来，为什么要离开我？

顾菁菁：为什么要离开我？（重复）

我：她怎么说？

顾菁菁：她说她不想跟我吵，累了、病了，想走。

我：后来呢？

顾菁菁：她就真的走了。我认为全世界的人都可能背叛我，但她不会。可是当她提出来要走，我很愤怒，但却故作潇洒地放她走了，其实自己还是很伤心。

通过以上对话，我大概了解到顾菁菁为人处世的模式。她做事一贯风风火火、雷厉风行。凡是她想要做到的事情，一定会千方百计达到目的；凡是她提出的策略，也没有人敢说一个不字。她可能就是一个独断专行、自我意识非常强的控制型领导，以至于员工背地里称她为"女魔头"。

与顾菁菁相反，文园长是个很有亲和力的人，也因此成了她事业上的得力干将，她们在一起工作了 15 年。从事业上来看，顾菁菁需要文园长；从情感上来看，顾菁菁也认为文园长不会离开她。顾菁菁的内心其实是很希望文园长留下的。但结果，顾菁菁不仅没有提出挽留，反而痛快地让其离开了。顾菁菁似乎怀有一种理念，那就是"你不能背叛我，与其让你主动背叛我，不如我主动让你走"。

顾菁菁告诉我，之前一直是文园长在具体管理幼儿园的行政运营工作，管理得很顺畅，她很少操心。文园长走后，她十分不甘心，她想要证明，即使没有文园长，地球照样可以转。于是自己承担了文园长的一些工作，但不知道为什么，她怎么努力也做不到文园长那么好。工作中她看谁都不顺眼，明明交代给下属一件很简单的事情，结果他们就是做不好。为此她经常大发脾气，有的人受不了，提出要走。她也毫不留情，干脆就让他们卷铺盖走人。

创业初期，顾菁菁强势和主动的姿态帮她成就了很多事情，否则她的事业也不可能做得那么好。但是这两年，文园长离开后，核心管理层人心动荡，她的事业就像多米诺骨牌一样，开始崩塌。她渐渐感觉有些力不从心，曾经顺风顺水的事业、轻车熟路的工作，为什么现在会变成这样了呢？

顾菁菁百思不得其解。为了让顾菁菁进一步看清自己，我让她继续回想与员工相处的状态，看看她能否找到症结。

我：看看那些离开你的员工，他们有什么感受？

顾菁菁：其实他们很伤心。（哭）

我：那他们为什么会伤心？

顾菁菁：因为他们每次提的建议，内心都是为了我好，但我都没采纳。

我：都是为了你好，是吗？

顾菁菁：从内心来讲，是为了我好。（重复）

我：我们再去看看，我们这样对待员工，以后局面会怎样？

顾菁菁：没有人敢跟我说话。

我：说了话会怎么样？

顾菁菁：说了话会挨批评。

我：还有呢？

顾菁菁：能跟我说话的人就越来越少，因为我三句话就能一刀捅到他们的心里，把他们整崩溃。

我：为什么他们会崩溃呢？

顾菁菁：只要有人给我提意见，或者与我的意见相左的时候，我就好像会抡起大刀砍向他们，戳到他们心里去，毫不留情，语言非常的尖刻，不伤到他们我就不罢休。

我：重复这句话。

顾菁菁：不伤到他们我就不罢休。（重复）

我：去看看员工在自己面前是什么样的心态。我们去体会一下，感受一下。

顾菁菁：我感受到了，他们其实很怕看见我。

我：为什么怕看见你？

顾菁菁：因为我让人紧张，郁闷，无话可说。

我：去看看，跟他们在一起的时候，自己有没有喜悦的感觉。

顾菁菁：很少有，从内心来讲，我好像看不起他们。

顾菁菁在工作中性格偏执、专横、犀利，不允许下属与她持不同意见，她跟他们之间的相处没有爱和温情，只是简单的上下级关系。在沟通中，顾菁菁也逐渐认识到自己没有顾及下属的感受，她从内心看不起他们，因为自己是女强人，是老板，而他们是受雇于自己的员工，不是一个阶层。这从心理层面来看，其实是顾菁菁的自我意识独断专横所致。

自我意识是一个多维度、多层次的复杂心理系统，表现为自我认知、自我体验和自我调控。根据自我意识的内容，我们又可以从不同角度对自我意识进行划分，一种是将自我意识划分为：生理自我、社会自我和心理自我；一种是将自我意识划分为现实自我、镜中自我和理想自我，这里以后面一种划分形式来分析。

现实自我就是个体从自己的理想出发，对现实生活中的"我"的认识，涉及的根本问题是"我实际上是一个什么样子的人"。镜中自我是指从别人眼中映照出的自我形象，是个体想象中他人对自己的看法。镜中自我和现实自我之间往往存在差异，当差异过大时，个体会感觉自己不被别人所了解。理想自我是个体从自己的立场出发，对将来的"我"的认识，涉及的根本问题是"我想成为一个什么样的人"，是个体想要达到的完善或完美的形象。

通常情况下，一个人的自我意识是比较协调的，也就是现实自我、镜中自我和理想自我是互相统一的，如果太偏向一方就容易变成执念。比如：一个过度追求理想自我，忽视镜中自我的人，在现实中可能是个非常固执的人。顾菁菁就是如此，她的现实自我和镜中自我并不强大，相反她的理想自我非常强大。这个理想自我的核心理念就是我的事业必须成功，别人不能影响我的成功或优秀，这也成为她心中很深的执念。所以日常工作或生活中她潜意识里总会想尽一切办法除掉影响她成功的外在干扰，比如员工有不同的意见时她毫不留情予以回击，甚至干脆让他们走人。

那么究竟是什么原因导致顾菁菁这样的呢？我决定继续追溯她的个性成因，让她对自我有一个更加清晰而完整的认识。

必须得第一

顾菁菁出生在一个普通的双职工家庭，她还有一个弟弟。从小到大父母对他们要求都很严格，父母的目标只有一个，那就是孩子的学习成绩必须优秀，考试必须考第一，如果孩子没有达到这个要求就会被打。在顾菁菁的记忆里，她的学习成绩一直稳居班级第一，几乎每学期都能评为"三好"学生。

顾菁菁说，从她小时候开始母亲就跟别人说她是文曲星下凡，就是比别人聪明，跟别人不一样。母亲的话就像个紧箍咒，她一直戴着这个魔咒成长。记得有一次，她带一个同学到家里来玩，那是她为数不多的好朋友之一，她很高兴同学能来自己的家里。但是后来母亲了解到这个同学的学习成绩不好，家境也不好，就警告顾菁菁以后不能带同学来家里，也不要和这类同学继续交朋友。母亲还时不时调查她，是不是还在和那个同学来往，还对她的交友做出种种限制，反复提醒顾菁菁要以学习为重，不能滥交朋友。

其实，从小到大，顾菁菁的好朋友并不多。她和弟弟把所有的精力都投入到学习中，但还是经常被妈妈训。妈妈的教育理念就是做人必须出人头地，她的儿女必须很优秀，否则一切都是空谈。顾菁菁上大学之前内心压力非常大，因为一旦考不上大学，她不知道该如何面对现实，特别是无法向父母交差。

我：我们去看看，考试必须考第一，自己心里有什么感受？

顾菁菁：一到考试就紧张。（重复）

我：为什么紧张？

顾菁菁：因为总是担心考不好，一到考试就紧张，考不好就会挨打。我妈身体不好，每次打完我，她就会生病，会晕倒。每次只要考不好，我就觉得自己很不孝，像个罪人，所以我不敢考不好。

我：后来呢？

顾菁菁：我好像觉得我就是我妈的希望。她什么都要比别人好，这样她有面子。

我：我们再去看看妈妈这样强迫自己的学习，给自己的身心带来什么感受？

顾菁菁：我曾经很讨厌读书。（重复）

我：再跟妈妈说，我很讨厌考第一名。

顾菁菁：我不考第一名会更难受。

我：不考第一名会难受？为什么？

顾菁菁：从小考惯了第一名，要是万一不是第一名，或者评选"三好"学生名单里没有我的名字，我坐在那里都会特别不舒服，无法原谅自己。

我：看看这种状态，对后来的工作，对自己人际交往产生什么影响？

顾菁菁：我越来越理解我的员工，我自以为对大家要求不算高，但这个不算高的要求对员工来说实际上是很高的，他们总是达不到我的要求。好像对我的女儿也是这样，我对她的要求也特别高，她永远达不到我的要求。

通过顾菁菁的这些回忆，我看到了她成长的印记。原生家庭中父母总是无形中给子女灌输很多不合理的信念，这些不合理的信念往往就成为他们子女心中的执念。因此，顾菁菁从小的执念就是学习成绩必须得第一，否则她就无法安生。她的座右铭或人生指南也是保证自己必须优秀，考试永远要第一，做事必须完美，事业必须成功。她把对自己的要求转向了身边的人，她希望员工优秀，因此要求他们做事也必须完美，一旦不完美，她就无法忍受。

在谈到自己对员工的态度时，顾菁菁不知不觉就联系到了自己对待女儿的情况，这让咨询进行得更加顺利，我可以同步去看看她与女儿之间的相处模式。于是我继续顺着顾菁菁的思路往下探究。

顾菁菁只有这一个孩子，女儿小时候乖巧可爱，她经常把孩子带在身边。幼儿园里的同事都把她的女儿当成小公主，许多人都会逗她、哄她、宠她。但是身为妈妈的顾园长却拿出为人之师的做派，对孩子的教育严肃而苛刻。顾菁菁记起有一次，五岁的女儿手中拿着面包，恰好同事的小孩过来玩，她就要求女儿分一半面包给小朋友吃，没想到女儿两三口就把面包吃完了，她为此狠狠揍了女儿一顿。

顾菁菁觉得，女儿太不懂事了，不懂得与别人分享，这让她脸面丧尽。但实际上，五岁的女儿有自我意识，她觉得这是她的面包，她喜欢

吃，不愿意给别人分享。这样的小事，本来没必要给女儿贴个标签，但顾菁菁在教育孩子这件事上一贯独断专行，由不得孩子自己。她给女儿报的国学、舞蹈、书法、英语等兴趣班填满了女儿所有的课余时间，恨不得把女儿培养成一个天才。她觉得自己以前没有条件学这些，而现在孩子必须要全面发展，自己又恰好有这样的资源，能为女儿提供最好的教育，为什么女儿就是不能理解呢？她问我："冯老师，每个父母都希望自己的孩子成龙成凤的吧？我这样做也没什么过错吧？"

我笑了笑，没有对她教育孩子的方式给予评判。作为一个教育专家，想必她有无数教育孩子的方法，但相对于能否成才而言，孩子的爱好、感受和体验才是最关键的。于是，我让她回忆她的母亲对她的教育，回溯她当时的感受，希望她在对比中能辨别出自己教育孩子的方法到底好不好。

我：小时候妈妈对你要求很高，要求你每次考第一，你有什么感受？

顾菁菁：很痛苦。

我：那你怎么摆脱痛苦呢？

顾菁菁：要么努力考第一，要么抗拒、逃离。

我：为什么要逃离？

顾菁菁：因为如果我做得不好，妈妈就会很伤心，她就会哭闹，甚至气得生病住院，我很害怕妈妈伤心。

顾菁菁说起自己的成长经历，她一直想尽办法离开自己的家庭，因为妈妈对自己期望实在太高，总是满足不了她。后来她考取师范院校，离家很远，大学期间的寒暑假她就在外面兼职，很少回家，她害怕回来妈妈又对她提什么新标准和更高的要求。毕业以后，她不顾家人的反对，跑到很远的大西北去支边了。

过了两年，顾菁菁实在拗不过父母的再三恳求，又回到家乡，在家乡安定下来。"成家"之后，她又与丈夫一起，紧锣密鼓且满腔热情地投入到"立业"之中，为了工作，她简直着了魔一般，发誓"不干出人样决不罢休"，甚至在怀孕和坐月子期间都待不住。她的心里装满成功的目标，而这个目标其实很大一部分也是想满足父母的期盼，让父母看到她的成功。

顾菁菁有很好的觉察能力。在谈完自己的这些人生往事后，她很快联想到自己的女儿，也是如出一辙对她进行反抗。就在前不久，因为吃零食问题，母女二人又发生争执。顾菁菁指责女儿平时零食吃得太多了，导致肥胖，她要求女儿拒绝零食、合理饮食、开始减肥，并制订了严格的减肥计划。女儿一气之下，与她决裂，剃掉头发，干脆跑到一座庙里去吃斋念佛了。这让她觉得很没有面子，自己被人称为教育专家，在教育女儿的问题上却是如此失败，这是她的执念里所不允许的。但她越是压制女儿，女儿越是反抗，所以才出现了以死相逼的场景。

说到这里，顾菁菁流下了伤心的泪水。她慢慢明白过来，原来自己对待女儿的方式，竟然和妈妈教育自己的方式大同小异。她自以为给了女儿满腔的爱，想尽一切办法让女儿沿着自己的布局去发展，但是这份固执的爱，并没有得到女儿的认同，母女之间的隔阂与误解越来越深。

顾菁菁的这些问题，一方面是源于她因理想自我过度强大而形成执念，另一方面也可能是她自我保护的一层盔甲，真相是为了掩盖内心的空洞或者爱的匮乏。所以如何让顾菁菁自己领悟到这些并能进行完善提升，还需要咨询的深入推进。

以爱破执

在回顾了自己的成长过程和教育女儿的方式后，顾菁菁对自我有了一个客观理性的判断和分析，这些都是在意识层面的理解。为了达到深层次沟通的效果，我再次让顾菁菁进入潜意识的情景对话状态。

我：觉得自己要做哪些改变呢？

顾菁菁：我应该尊重每一个人。

我：当我们学会尊重他人时，他们会有什么感受？

顾菁菁：他们很开心。

我：他们很开心的时候你有什么感受？

顾菁菁：感觉很温暖。

我：还有吗？

顾菁菁：我觉得我以前做得不好。

我：哪里做得不好呢？

顾菁菁：我好像没有爱别人的能力。（重复）

我：为什么自己没有爱别人的能力？

顾菁菁：如果我不爱别人的话，不论别人对我怎么样，我都不会伤心。（重复）

我：想想这些念头是从哪里来的呢？

顾菁菁：我发现我妈这辈子太伤心，因为我看多了她的眼泪，看多了她的伤心。她要求得越多就越伤心，她认为别人都对不起她。

在顾菁菁的过往人生中，她发现自己缺乏爱别人的能力。她一直把自己的内心封闭得死死的，其实根本原因是害怕被伤害。顾菁菁的母亲在遇到问题时总是一哭二闹三上吊，这让顾菁菁有深深的恐惧感，她害怕母亲伤心，更害怕失去母亲。她以为自己挣钱回报父母就是爱他们，所以顾菁菁一直拼命读书，然后拼命挣钱。结果却发现事实并非如此，她永远满足不了母亲对她的期盼。爱本身没有错，错的是爱的方式和方法，她们母女皆是如此。

顾菁菁已经领悟到自己的不对，现在更重要的是如何在实践中去转变自己的执念，更好地开启新的生活。我决定让她多去体验爱的感受，从而激活她内心爱的能量。

我：我们再去看看自己是不是爱父母呢？

顾菁菁：其实我是爱他们的。他们是我的父母，我怎么能不爱他们呢？（哭）

我：我们能不能感受到自己这个爱？

顾菁菁：能感受到我是爱他们的。

我：我们把爱心不断放大，放大到像太阳这么大，充满着每一个细胞。有什么感受吗？

顾菁菁：我觉得我还是有爱的能力的，我可以爱父母，也可以去爱其他人。

我：如果我们像太阳一样去无私地照耀父母，照耀其他人，是什么感受？

顾菁菁：感觉心里暖暖的，很温馨。

我引导顾菁菁从爱父母开始，然后学会爱其他人。爱是宇宙赐给人类最好的礼物，爱将人类紧密地团结在一起，拥有爱，我们可以勇往直前，去追求自己的人生。一旦我们的心中充满了爱，我们的力量将会被

激发，我们的潜能将增长，这就是爱的能量。爱不仅会改变我们自己，还将吸引更多的爱，改变我们身边的人以及事物，这也是爱的吸引力法则。我继续让顾菁菁沉浸在爱的体验中，并引导她把爱传播出去。

我：看看我们会怎样去爱员工、爱自己的女儿？

顾菁菁：我会包容他们、尊重他们。

我：还有呢？

顾菁菁：我会耐心等待他们的成长。

我：我们继续感受这份爱，感受自己像太阳一样去爱着所有的人，看看我们心里面充满爱是什么感受？

顾菁菁：我很开心，整个身心充满能量，感觉自己像一团火球，到哪里哪里就充满热量，到处都有欢声笑语。

我：看看怎么把这些爱、这些欢声笑语传递给他们？

顾菁菁：我应该学会去赞美他们，赏识他们，鼓励他们（重复）。当我放下自己的执念，所有问题都会迎刃而解。

顾菁菁顺应自己的潜意识，一步一步激活爱的能量，修复爱、传播爱。她从不懂爱、不会爱、不敢爱，到后来发现爱、表达爱、体验爱，她把自己想象成太阳一样去爱，爱父母、爱员工，以尊重、包容、欣赏的心态去对待周围的人。她渐渐感觉自己越来越开心，感觉全身充满了力量，重新变得活力无限。因为她放下了自己的执念，获得了身心的自由，也赢得他人的爱与尊重。

最后，我们回到当初顾菁菁需要解决的烦心事——她和女儿的关系问题。在经过深入的探究之后，其实一切都变得水到渠成了。我让顾菁菁再次想象女儿在自己跟前。

我：当我们的内心充满了爱，我们放下自己的面具、自己的执念，真心体会做母亲的最平凡最真诚的爱，会怎样？

顾菁菁：我越来越能感受到我对她的爱了。我也好像听到女儿说，妈妈请放心。她感谢我的付出，她说她会过得很幸福。

我：我们去看看十年以后女儿是什么样子？

顾菁菁：女儿成家了，还有两个孩子，一家人过得很幸福。

我：很好，现在我们对公司的状态，跟女儿的相处，内心都知道怎么处理了，那么通过整个咨询过程我们明白了什么？

顾菁菁：放下自己的执念和傲慢，去尊重每一个人。让大家自主去做自己擅长的事情，让大家看到我能感受到爱和温暖。

顾菁菁咨询的顺利进行，源于她内心有强烈的改变愿望，也有觉知问题和解决问题的能力。当她认识到自己问题的根源是一味追求成功的执念时，她能够快速切换角色、转变视角，换位思考，去理解员工的心态，理解女儿的心态。同时，面对扭曲了自己性格的父母，她也选择表达自己的谅解，与自己心灵达成和解。

更让我欣喜的是，咨询结束后，顾菁菁和她的女儿还分别来到新异心理学习。她们通过学习并分享自己的成长心得，各有所获。也因此，她们的母女关系迅速得到了改善，彼此放下了成见，开启了新的生活。

后 记

写这本书的时候，我们做了一个客户跟踪回访。顾菁菁已经离开了原来的教育事业了，她说她把幼儿园股份全部转给了那些懂管理、会经

营的旧部，那些幼儿园依旧经营得很好。

对事业上的成功与失败，顾菁菁已经看淡了很多，也不再纠结过去的人和事了。她觉得人生最重要的是能重新认清自己，然后选择适合的路继续前行。

目前，顾菁菁和丈夫在乡下建了一个庄园，以种植中草药为营生。在与草木世界打交道的过程中，她领悟到了很多自然的规律，也更加懂得了身心和谐的重要。她笑着与我分享："宇宙万物，相生相克，生生不息，我们唯有爱生命、爱自己，顺应大自然的法则，顺应自己的内心，才能过得更加丰盛美好。"

顾菁菁的女儿开了一个植物蜡染工作室，染料就取材于顾菁菁庄园中的花花草草。她们不仅有和谐的母女关系，还有良好的协作经营理念，母女联盟，生意也越做越好，一家人享受着诗意的田园生活。

第三节
当局者、局外人

人是生而自由，却无往不在枷锁之中。

——卢梭

都说"自由"与"枷锁"是背道而驰的两个概念，但对于每位社会化的个体来说，它们又同样是人生里的真实写照。很多时候我们按照命运赋予的使命去工作和生活，背负了多重角色：儿子、丈夫、父亲、打工人、上司、下属……这些角色有着不同的社会责任，既是我们行走于这个世界的参照物，是我们努力的方向和目标；有时又成为我们的负担和桎梏，我们被迫束缚其中，纵然意难平。

同样一个社会角色，带给每个人的感受却如此不同：有人如鱼得水，享受乐趣；有人却绝望崩溃，每天都在挣扎。有人说，这是源于自我身份认同上的差距，那么，这个身份认同又来自哪里？继续向下挖掘，我们会看到每个人各不相同的内心世界。

当局者迷

梁奕的外表十分契合金融精英的人设。三十五六岁，清爽的短发，立体的五官，浅蓝色衬衣，挺括的领口，其衣着虽没有采用昂贵的面料，但整个人已呈现出一丝不苟的精致感。手上的腕表彰显着主人不错的审美，光面棕色牛皮表带，银色表盘中海蓝色的指针匀速旋转着，给人一种不奢靡的、克制的高级感。他坐在那里，看起来整个人冷静自持，眼睛里却流露出隐约的消沉。

梁奕的学习成绩一直很好，他是某双一流大学的金融硕士，通过校招进入现在的企业，一路升职、加薪，目前在高管岗位任职近三年，收入很可观，房子、车子、妻子、儿子都有了，外人看起来一切都很好。

但他的血压不稳定，高压偶尔会超过 180mmHg，这在这个年纪的人当中很少见。前几年他开始出现偏头痛的症状，去医院检查不出问题，通常每个月发作一两次。按他自己的说法，吃粒止痛药，躺上几个钟头，这种可承受的疼痛就能够熬过去。不过近半年来，偏头痛发作的频率越来越高。

梁奕近来常处于一种耗竭的状态。每天早上睁开眼睛的瞬间，会感到莫名的压力和烦躁。几次可签约大单的机会，眼看着快要成功了，却总在关键时刻功亏一篑。梁奕的诉求，是想解决成功和幸福的表象之下，无从倾诉的焦虑。他的焦虑有些很明确：婆媳之争的家务事，不能安寝，时常出点状况的身体；另一些则很模糊，比如越来越难感受到快乐，常常无法体会到活着的意义……

梁奕有高血压病史，需要经验丰富的咨询师给他做咨询，所以，由我来和他进行对话。在对话中，高血压患者可能由于情绪的宣泄，导致血压波动较大，有一定程度的潜在风险。

有经验的咨询师可以细致体察来访者的情况，适度放缓节奏，调节指令的强度，在严格的过程把控下，让来访者与造成其创伤的人和事实现和解。和解对身体和血压能产生正向调节作用，能够让大多数来访者慢慢趋于平和与喜悦中。

外科医生处理伤口时，揭开一层又一层的纱布，让伤口暴露后，需要剜出腐肉，引出脓血，敷药包扎，以防重新感染。假如用这个过程来类比潜意识对话，那么，咨询师引导来访者直面内心创伤、释放累积情绪的环节，就是在揭开纱布、暴露伤口、引出脓血；而和解则是敷药和包扎的过程。和解这个步骤不只让来访者在潜意识中尝试放下过往的苦痛，接纳真实的自我，还将所构建的美好、丰盛的情境，镌刻进来访者的潜意识，影响他未来的人生。

梁奕是逻辑思维能力很强的理科生。以我的经验来判断，理性思维太发达的人，就容易压制感性的方面，比如情绪和主观的感受，久而久之，内心的冲突可能会通过身体的症状表现出来。那么，是否由于某种想法和情绪的困扰，他的身体上才出现了某些症状呢？

超载

充分放松后，我引导梁奕通过潜意识进入大脑深处，去看头痛的地方，看看那个痛联结了什么，对应现实中的哪种感受。

梁奕：感觉学的东西脑袋装不下。（重复）

我：我们去看看最近学了一些什么样的东西？

梁奕不假思索地说：工作和财经两大类的。

我：嗯，还有吗？

梁奕皱紧眉头：脑袋很满，装不进去。（重复）

我：我们回到最近一次感觉大脑里装不下东西的看书场景可以吗？觉得脑袋很满，装不下啦，是在什么地方？

梁奕：卧室的床上。

我：那几天还发生了什么？

梁奕思索了几秒钟说：股票亏了钱，跌停了。（重复）

说到这儿，他忍不住向我解释，虽然股票亏了钱，但对于在金融行业摸爬滚打十余年的他来说，并不意外，也不是什么沉痛打击，偏头痛和这个应该没关系。

他的话让我联想到一个心理防御机制——"合理化"，人们会找个借口缓解紧张和痛苦。通常是在否认某些现实之后。梁奕关于股票投资失误的挫败感，在"合理化"解释之后，成功地被压抑了。

其实我们不断向前的人生路上，随时会产生各式各样的负面感受：面对社会的无力感，没有方向的迷茫感，被漠视的无价值感，遭遇伤害的脆弱感，和他人比较的焦虑感……这些负面情绪有些被消解、被发泄，但我们若是不愿承认，不想面对，就会将其悄悄压在内心中，累积在身体里。

我：你再好好看看，还有没有让自己感到焦虑的事情？

梁奕：工作做不完。（重复）

梁奕对这句话的重复最初很平淡，仿佛在说别人的事情。当我注入焦灼、无奈的情感去引导他时，他被感染了，仿佛沉浸到当时的情境中，脸皱成一团，忽然双手抱头，痛苦地喃喃自语：工作做不完，我做不完啊！

我：工作做不完，有什么画面？

梁奕：加班。

我：还能看见什么？当时在哪里？有谁在那里？周围环境怎样？

梁奕：就看到我自己，其他人都走了。

他详细描述了加班的环境：空寂的走廊，白色的灯光，电脑上打开的文档和分析表格，手边的杯子里没有水了，茶水间也没了热水，他还没顾得上吃晚饭。

我：一个人加班，心情是怎样的？

梁奕：很着急。（重复）

我：我们回到那个工作的场景，看到这么多的工作，看到电脑上面的文件，做不完，就自己一个人加班，什么感受？

梁奕：我想回家睡觉。（重复）

他的身体缩了缩，似乎想把自己挤进沙发更深处。

我：想象你的上司在面前，告诉他，你想回家睡觉。

梁奕思索几秒钟后，摇摇头，苦恼地说：想象不出。

我根据他的描述，更细致地"造影"：你独自在办公室加班，凌晨三点了，你又渴又饿，工作还没干完，孤零零的你，想对你面前的上司说什么？

梁奕咬紧牙关，仿佛在忍耐，又似乎在蓄力，呼吸逐渐粗重，喘息中，忽然大吼：这些工作我一个人干不来。（重复）

升职后，上司安排的任务非常多，多到他在工作时间内无法完成。虽然他找领导反映过工作超负荷，但是每一次任务布置下来，他又宁肯

加班到深夜，也要保质保量地干完，良好的业绩让领导一直没把他的诉求放在心上。

他在我的带领下，吼声越来越大，干脆从沙发上坐了起来，怒气冲冲地连声呐喊"我一个人干不来"。等他的声音从愤怒的高亢转为平静的低沉后，我继续接下来的引导提问。

我：看着你的电脑，看着你的文件，看着当时的你自己，你看到了什么？

梁奕毫不犹豫：撑着也要做完。（重复）

在几遍重复之后，梁奕似乎对于自己脱口而出的内容感到了一丝不对劲，他的声音越来越小，沉默了一瞬间，主动说："很多事，我都是撑着做完的。"

我：我们来看看，加班、工作干不完，这些跟我们的身体有什么关系？

梁奕：高血压最早的一次发作，就是很疲劳的时候。我觉得后脑勺发沉，脑袋昏昏的，去医院检查，医生说是高血压。

在潜意识对话中，很多时候咨询师是无须对来访者解释的。以提问激发来访者对自己惯性模式的思考，以重复对情绪和感受进行宣泄，都能帮助来访者看清自己的情绪意图，实现自己的"渐悟"或"顿悟"。

独秀

梁奕从小学开始就是好学生，在老师的表扬和父母的期许中长大。他的优秀既是旗帜，又像绳索，套着他不断向前，去往看不到的终点。所收到的优秀评价越多，他就在完美的幻象里陷得越深，完美主义的倾向也越发严重，始终担心自己不够好，配不上大家的褒扬。

他的努力很大层面上都源于潜意识中一直在尽量满足他人的期待，他喜欢那些正能量的标签，"负责任""能力超群""乐于助人"，等等。如果不曾深入潜意识，回看那个加班到凌晨、独自面对电脑的自己，他都不知道内心有那么多的委屈和愤怒，更看不到那份始终强撑着的努力。

梁奕继续回想过往生活中自己强撑的经历，想起很多事情。

梁奕在母亲与太太的婆媳冲突间体会过相当多的无奈。儿子出生后，梁奕的母亲到广州来帮忙带孙子。母亲一贯强势，在儿子的家里也习惯做主安排。而太太本就有产后抑郁的倾向，对婆婆有很多细节上的不满。一边是母亲的各种安排，另一边是太太的不停埋怨，每天重复的剧情让梁奕感到无比煎熬。太太脾气上来时提出过离婚，有过离家出走，还曾经几次想要自杀。梁奕夹在母亲和太太中间心力交瘁，儿子不到半岁，他就将母亲送回老家，找了全职保姆来照顾孩子。母亲离开后，太太的状态恢复得也很缓慢。

梁奕："我能怎么办呢？妈妈和太太都是我最重要的人，我夹在她们中间特别难做！有几次太太提离婚的时候，我真想就此解脱，同意算了。可也怕真离了，她更想不开。原来好好的一个人，跟我结婚后却成了这个样子，我怎么向岳父岳母交代？"

他起初还强忍着激动，声音颤抖着重复"我怎么交待"。当我"想哭就哭出来"的话音未落，他的眼泪"唰"一下就出来了。

那半年时光中，梁奕心智上能够应付，但情绪上，却处于失序的状态。看似工作与生活有条不紊地继续，但他实则常常被情绪吞没。他的痛苦被掩盖在不露声色的表象下。梁奕重复地说着自己的每一天都很焦虑，其实焦虑只是一种伴生情绪，他并不知道如何去分辨自己的痛苦，我陪着他一一辨别自己的情绪，担心、害怕、焦灼、无力、愧疚……给

不同情绪命名，再逐个释放。

梁奕经过这次释放的环节后，足足痛哭了二十分钟，才重新平静。我们继续向更早些时候追溯，他想起自己孤单的中学时代。

阿尔贝·加缪说，"我们很少信任比我们好的人，宁肯避免与他们来往。"青春期少年间的交往，也常遵循此原则。梁奕这样一个"别人家的孩子"，被老师喜欢，但并不受同学欢迎。他渴望友谊，害怕孤独，却又在偶尔试图融入某个同学圈时，感到格格不入，也许因为孤单太久，不太能理解其他人的快乐。后来，他只能在一张张成绩单里找到自己的存在感。

梁奕在我的引导下继续回看过往时，眼前出现高中时自己独行于校园中的样子："我能看见自己一个人走去食堂，一个人走去教室。我那时就对自己说，一个人没有干扰，可以更专心地看书。一个人很好、很棒、很享受，但其实我挺孤单的。现在来看，我心里不是那样想的。"

我：其实你心里是怎样想的？

梁奕：其实，我是强撑的，一个人强撑。只是不愿承认自己没朋友。（重复）

隔了近二十年，梁奕终于有机会直视少年的自己。看见那个优秀、努力、不动声色的表象下，隐藏的孤独、无助。他再次声泪俱下，"强撑"两个字再次被喊出来。

个人的选择常常带有现实所迫的不得已，虽然不愿意，还是要坚持。如果我们能在"应该怎样"之外，随时关注到"我想怎样"，看清自己内心的需求和愿望，允许自己脆弱，即使最终我们还是选择按规则行事，但情绪和感受被看到、被呈现、被允许，这个压抑就能释放、是可调和的。

那天咨询结束后，梁奕神情有一丝恍惚。他长吁了口气，看向我：

"冯老师，我之前一直觉得自己单纯是由于很多事情力不从心，而有点焦虑。但是现在看来，可能我的身体也受到影响了。"

是啊，种种精神上的负能量和学习、工作中的压力，一直加于他的身体。偏头痛就是身心发出的一个信号，但这个信号被梁奕忽略了。每次熬过头痛，他继续不停歇，直到高血压又找上他。

我点头表示同意。因为做不到而感到焦虑的背后，当然还有更深层的原因。这个世界上人力所不能及的事情有太多，有些人是还没开始就想放弃，有些人是尝试未果就坦然接受，而梁奕的焦虑显然是来源于对自己的苛求。这苛求以完美主义的倾向呈现出来。

虽然看到梁奕在潜意识层面释放了很多，我却隐隐感觉到，在他独自苦撑的委屈、孤独和无助被释放后，还会挖掘出更深层的情绪卡点。

局外人

接下来的一次咨询，我让梁奕进入潜意识，想象自己在大海中遨游，他闭着眼睛，有点茫然地说，"感觉到内心有种莫名的失落"。

当我让他通过这个失落，联想过去经历过的画面时，他的眼前出现自己的老家，故乡的亲戚和家族中的长辈都站在他面前。梁奕的爷爷在他上高一时去世，父母带着他搬到县城居住，从那之后，梁奕再没回过老家。春节、中秋、其他节假日，他带着妻儿回乡，也只是与父母在县城过节。

既然老家有祠堂，故乡有亲人，他和父母不回乡的原因就值得深究了。

我：家族中的亲戚、长辈都在你面前吗？

梁奕：是的，我和他们面对面站着，亲戚们站得很紧密，没有人理

我，我就像个局外人一样。

　　我：你有什么感受？

　　梁奕：我有点失落。（重复）

　　我：还看到什么画面？

　　梁奕的声音中饱含伤怀的情感：我看到从小长大的地方都破败了，曾经爷爷的、爸爸的房间都落满灰尘，老家的祠堂也很旧了。（重复）

　　我：你有什么感受？

　　梁奕：我心里不舒服。我很久没回老家了。我爸爸这一代，伯伯、叔叔、堂叔叔人不少，我们这一代人也很多，小时候大家很和睦，现在感情淡了。

　　我：你有什么感受？

　　梁奕：觉得很不堪，不舒服。（重复）

　　说到"不堪"时，他的反应忽然强烈，呼吸非常急促，空气仿佛变得稀薄，他张开嘴巴，十分迫切地大口呼吸，仿佛喘不上气。老房子的破败和堂兄、堂弟的疏远，带给他的反应如此之大，我意识到这里是他的情绪卡点。

　　我：感到有点不堪是吗？那你想怎么做？

　　梁奕：我想重修祠堂。

　　二十多年不曾回的故乡、未拜祭的祠堂，对梁奕来说似乎都有着非同一般的意义。

　　我：你想怎么做呢？

　　梁奕：先和我的堂兄弟们沟通，获得他们的理解，打个电话聊聊天，把关系建立起来。

我：很好，我们想象堂兄弟们在眼前，好吗？有哪些人，你说说看。

梁奕：有三个堂哥，六七个堂弟。

我：很好，我们想象堂兄堂弟都在眼前，好吗？

梁奕：可以。

我：想和他们说什么？

梁奕：说不出什么。

我：你的心情怎样？

梁奕：我这个人和别人有距离感，不太和人说话，我现在想跟他们道歉。

我：说出你的道歉来。

梁奕：各位堂兄弟，对不起！过去这些年，不和你们交流是我不对，是我疏远了大家，对不起。

我引导他在潜意识中修复关系，提醒他要在心里一面鞠躬，一面说"对不起，请你们原谅"。梁奕跟着重复，重复到第三遍时，他的眼泪流出来，挂在脸上，声音中的歉意越来越恳切，能够听出他的真诚。

我：现在是什么样的画面和感受？

梁奕：我向他们鞠躬，堂哥、堂弟其实也没有怪我，只是因为回老家的次数少了，大家见面少了，难免疏远，他们其实没有怪我。（重复）

说到"没有怪我"，梁奕的语调是轻快的，神色间有欣慰。

我：知道他们没有怪你，有什么感受？

梁奕：我轻松了许多。（重复）

我：你想跟他们说什么？

梁奕：我们应该团结起来，有事互相帮忙，大家虽然隔得远，但终

究竟是一家人。(重复)

梁奕一遍遍地重复着"大家是一家人",双眉渐渐展开,肩膀慢慢放松,神色在激动中有感慨,欢喜中有伤怀。

我:我们继续说这句话,跟他们逐一拥抱。

在与堂兄弟和解后,梁奕沉默了两三分钟,我安静地等待着他的神色从悲喜交加到平静从容,我知道他有平复心情的需要,所以保持沉默。

咨询到这里,我几乎可以断定,梁奕的内心深处,隐匿着对家乡的依恋,深埋着浓烈的家乡情结。虽然对很多现代人来说,地缘上的流动已经是一种常态,他们与故乡的联结并不紧密,但梁奕却并非如此。如果我的这一假设成立,老家于梁奕而言就是他精神上的依靠、心灵上的寄托,是一种与灵魂联结的归属感。那么,家族情结上的卡点,可能成为阻碍他获得人生成功、生命幸福的根源问题。

违背祖宗的决定

与堂哥堂弟在潜意识中的交流让梁奕探寻自我内心的主动性变得更强了,他配合我的询问,十分认真地辨析自己细微的小情绪。

我:现在有什么感受?

梁奕:我和每位堂哥都拥抱了。但心里忽然想起一件不舒服的事情。

我:说说看。

梁奕:我家有个族谱,原先由我爸爸来保管,因为我爸是长子。但是后来,不知怎么就被我大伯拿走了,一直在他手里,我心里有芥蒂,一直不爽。

我：说出来，说给大伯听，面对他说出来。

梁奕：我一直不爽！（重复，声音越来越大）

　　压抑的情绪最初看起来是对兄弟情疏远的愧疚，但愧疚之下，隐藏着的更多的是指向对大伯的愤怒，但是，这愤怒之下是什么？他与家族亲人疏离的根源是这个吗？

　　很多时候，我们与看不到、摸不着的潜意识进行对话时，就如同从上到下地吃一块千层蛋糕。揭开一层班载皮，下面是水果，吃掉水果，出现一层巧克力，巧克力下，是奶油……层层叠叠，我总会假设下面还有另一层，这样会让我不轻易下结论，挖掘到最深。

　　我决定冒一个险，引爆他的情绪："大声一点，喊出来，对大伯说，'我不爽你！'"

　　梁奕提高音量，声音里的激愤在增加，一声声的"我不爽你"，成为他情绪爆发的引线，他开始用握紧的拳头捶打沙发，越来越用力，发出有节奏的闷响。他彻底投入当下的情境之中，如同看见大伯就在眼前，对着他喊出自己的心声："别乱了规矩，把族谱拿回来！"

　　这一刻，他不再需要我的指令，不停歇地嘶吼"把族谱拿回来"。这是他的心灵在发声，是表达、是训诫、是怒斥、是宣告，激烈仿似内心的火山被点燃。他的怒火发泄了十几分钟后，声音终于低下来，慢慢停止。我看到他的手掌边缘已经有微微红肿。

　　我：什么感受？

　　梁奕连连说：手疼，头疼，很痛。（深深吸气，痛到止不住发出呻吟）

　　我：正常的，你所有的身体反应都是正常的。放心，让自己的身体自由地舒展，做一下深呼吸。

梁奕继续大口地吸气，龇牙咧嘴地唏嘘了一会，仿佛身体里吸进多一点的空气，就能够稍稍缓解疼痛。不过，这痛并没有打消他的诉说意愿。

梁奕：我大伯有私心，他乱了规矩，他想办法把族谱拿走，我爸不好意思和他翻脸。我后来再没去过他家里，我在路上遇见他，都不想和他说话。我这种情绪也蔓延到家族里的其他人身上，慢慢地，我也不理我的叔叔、我的堂兄弟们了，我甚至把我儿子的字辈都给改了，没按族谱的来。

我：重复，我把儿子的字辈都改了。

梁奕：我把儿子的字辈都改了（重复）。我就是烦老家里的这种破事，我也不想这样（重复），我甚至都想脱离这个家族（重复）。

重复着"改字辈"和"家里这种破事"，让梁奕再次愤怒起来，虽然是他改了儿子的字辈，但他十分不忿，瞬间爆发的怒气给人感觉像是他自己遭受到了严重的迫害一般。当他说到"想脱离这个家族时"，眼泪却再次流下来。

我发现，族谱在梁奕心中的分量很重，代表了祖宗规矩，也承载了他的家族情结。在他看来，大伯拿走族谱的行为，不只是破坏规矩，还是对身为长子的父亲的一种轻视。族谱始终在大伯手中，没有退回来，父亲没能处理好这个问题，家族似乎也对这一点缺乏重视。长子的位置没有被看见、被尊重，焦虑和愤怒不只扎根在梁奕父亲的心中，同时还潜移默化给梁奕。

叙述到这段的时候，他对"甚至"和"都"进行了语气加重，他说"我甚至把我儿子的字辈都给改了"，可以看出来，对于不按族谱排序，给儿子改字辈，他自己也觉得并非小事，挺过分。既然打破了祖宗规矩的人没有受到惩罚，那么，他的反抗也要以打破规矩的形式来进行。但是，以这种行为来表达愤怒和不甘，不但没能让他释放愤怒，反而内心更加不安，这加深了梁奕的心理内耗。

事实上，这种对抗反映在潜意识中，就是在不停地提醒他，自己在背离家族的路上越走越远。因此，接下来需要让梁奕与内心的家族情结重新整合，获得更稳固的主体感。

笑对命运

梁奕第四次到来时，我们的潜意识对话继续围绕着他的家族来推进。

我：把你的心里话都说出来。

梁奕：我想大家都越过越好。（重复）

为了检验他对大伯的不满和愤怒是否释放殆尽，我再次让他回到面对大伯的场景："继续面对你的大伯，说出你的不爽。他有听到吗？"

梁奕：能听到，我就对着他喊，他好像有点愧疚，不敢看我，毕竟他拿了不该拿的东西。

我：你还想跟他说什么？

梁奕：就是让他把族谱拿给我爸就好了，把这个规矩理顺应该就好了。

我：很好，我们跟他说，请你把族谱拿给我爸爸，不要乱了规矩。

梁奕：大伯，请你把族谱拿给我爸爸，不要乱了规矩。（重复）

我：他听到了吗？

梁奕：听到了。他先站在我面前，后来我爸也来了，他把族谱给了

我爸，他们心里的芥蒂也消除了，在一起说话，我其他的叔叔也出现了。

我：很好，你看到这样的情形，你的感受是什么？

梁奕：我的感受是规矩就是规矩，不能乱，规矩不乱家风才能好。（重复）

梁奕在潜意识中，对大伯说出深藏内心的要求，他在这个过程中间，同时理清了思绪，觉察到内心的需求。他每一次的重复，语气都更加坚定。

我：你现在看到什么？

梁奕：我看到老房子，看到客厅、卧室、厨房，看到爷爷做农活回家，叔伯兄弟都规规矩矩的，每个人有每个人的小房间，每个人做每个人该做的事，和平又和谐。

我：看到这些，你有什么话想和大家说？

梁奕坚定而平和：觉得这样很和谐，即使穷我们都不怕。

我：穷都不怕是吗？看看大家这样和谐相处，看看爷爷在天之灵，是什么样的心情？

梁奕：爷爷很高兴。（重复）

虽然说着爷爷高兴的话，但梁奕是感慨而伤怀的，他默默地流下眼泪来。

我：在重复的过程中，有什么感受和画面？

梁奕：爷爷确实很高兴。每位叔伯都是丰衣足食的，都有自己的房子，都住得很不错，他确实很高兴。对比二十年前，爷爷在世的时候，我们现在都过得好了很多，他确实很欣慰。

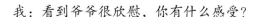

我：看到爷爷很欣慰，你有什么感受？

梁奕：我想爷爷。（重复）

来访者从深深地叹气，默默地流泪，到越来越急促地呼吸。大颗大颗的泪水滴下来，这泪水是释放，也是清理。

我：我们想象爷爷在眼前，跟爷爷拥抱，拥抱在一起，把心里面的情绪都释放出来，把所有的情感都表达出来，想哭就哭，心里所有的反应都是正常的。

梁奕哭了五分钟，我引导他接纳自己想哭的情绪，让他知道一切都是正常的，出现的身体反应，情绪上的流动都是好的现象。

我：老天爷都看到了，爷爷很爱你，从小到大，爷爷是最爱你的。有什么话想跟爷爷说吗？

梁奕：很想让他再回来。我会买两把很好的椅子，放在他主卧的窗下，他舒舒服服地坐在那里。有他在，家里都不会乱。

我：说出来，重复。

梁奕：爷爷，有你在，家里就不会乱了。（重复）

我：爷爷有什么回应吗？

梁奕：看不到，就看到他在那里坐着。

当梁奕强调爷爷在才不会让家里的规矩变乱的时候，其实已经接纳了爷爷不在，规矩会乱的现实。

我：你现在有什么感受？

梁奕：我觉得自己整个人是通透的，很舒服。

我们在懂得笑对命运后，才会得到最大的自由。于是，梁奕的愧疚、愤怒、思念、困惑，种种情绪在接纳后，释放得更加彻底。

带上家族 buff，内心更强大

梁奕小时候与爷爷奶奶住在一起，他跟爷爷感情深厚，对爷爷的话也印象深刻："爷爷一直对我好，他说爸爸是长子，我是长孙，以后要有出息。所有的孙子里他最重视我，对我最好。我想报答爷爷，我想带好这个家。"

我：重复"我想带好这个家"。

梁奕在重复中，有了自己的领悟，他喃喃自语：原来，我想带好这个家。我考大学，我努力工作，工作有了一点成绩，还想着挣很多钱，我总觉得还不够，心里还是空的，其实都是因为我想带好这个家。

所以，那些已经成为习惯的努力，得到的荣耀和成绩，在族谱被拿走、他随父亲离开老家后，就没了支点，缺了根基。这么多年来，梁奕心底里挥之不去却无可名状的空洞和失落，终于找到源头。

我：小时候去拜祭祖先，记忆中的自己是什么样子？
梁奕：过年的时候就要去祠堂拜拜，跟在爷爷和爸爸的后面叩头。还和兄弟们一起去给祖先烧纸钱。
我：你有什么感受？
梁奕：感觉自己是勇敢的，有靠山，是有根的。（重复）
我：重复的过程中有什么画面和感受？

梁奕：我看到祠堂很旧了，雕花的门窗都落了灰。灰色的砖墙是斑驳的。冬天的阳光很稀薄，有一点点照进来，照在落满尘土的地上。

他的面容随着叙述，弥漫了一层沉重的悲戚。他忽然抬手蒙住大半张脸，泪水从指缝间渗出。他的声音从手掌后模糊地传出来："我已经好多年不回去了，我这么多年没有靠山、没有根了。"

我：重复"我没有靠山、没有根了"。

梁奕的重复夹杂在呜咽声中，他的声音越来越小，几乎重复一句就是一声叹息。从他那自胸膛深处发出的叹息声里，能听出深切的沉郁。

在家族系统中，只要整体性被破坏，都会牵扯到所有人，导致每个成员的错位、失衡、被排斥。而对家族的背离和反抗，向来需要付出巨大的代价，所承担的不单单是情感层面的孤独和失落，还会有生命原动力的缺失。

我：体会到没有根的那个感受，现在心情怎么样？

梁奕不自觉地深深呼吸，感慨道：这么多年，原来我一直少了根，我终于找到自己的问题了，忽然有种很通透的感觉。（重复）

我：告诉家族里的所有人，告诉家族的祖先，我回来啦，告诉叔叔、伯伯、堂哥、堂弟，我回来啦！

梁奕随着我的引导，在潜意识中改写自己的人生故事：大伯送回族谱，大家充满喜悦地迎上来，奔走相告我回家的消息，兄弟们互相搭着肩膀并排站在祠堂里。

梁奕在想象中，看见兄弟们在他的带领下重修祠堂，儿子跟着他在祠堂里叩头，像他小时候跟在爷爷和父亲身后那样。最后，他展望到五年、

十年后，自己快乐幸福、家族充满希望的情形，脸上洋溢着平静的喜悦。

那天的最后，梁奕睁开眼睛，微笑着看向我，坚定地说："冯老师，我感到自己既充满力量，又十分轻松，很多事情都明白了。"

后　记

咨询结束了，但对梁奕来说，改变刚刚开始。

他在婚姻中不再试图隐藏自己的情绪，与妻子的正向沟通和亲密互动增加了很多，妻子的状态也更好了。他按字辈给孩子改了名字，很庆幸地说："幸好在孩子上小学之前给他改了名字，以后学籍上都是统一的新名字了。"他第一次带孩子回了老家，拜了祠堂，在回归家族的行程中，体会到各归其位的幸福；他业余时间拒绝过度加班，报了成人乒乓球训练班，重拾少年时的爱好；他的血压更加平稳，偏头痛几乎不再打扰他；他不再关注人生的意义，而乐于寻找生活中随处可见的"小确幸"……

三个月后的一个上午，他给我打来电话，声音里洋溢着喜悦："我还在老家呢，就接到电话，一个我已经打算放弃的单子，竟然主动说要签单。"他感到一丝冥冥中的神奇。而我更愿意说，那是梁奕修复好与家族的关系后，心里有了靠山，重拾了底气和自信，这份内在的改变在他与客户的交往中展示了出来，让他博得了客户的信任。

这个世界上只顾奋斗、不懂休憩的人还有很多，他们需要的不是增加前行的动力，而是关注当下的能力。假使我们能够像局内人一样全情投入，充分享受生活里的幸福美好，勇敢承担人生中不期而遇的苦难；又能如同局外人一般，看清起心动念间的情绪和欲望，在各种关系里有所觉察，我们必将领悟生命本自具足的样子，明白自己当去向何方。

第四章 自我探寻

—— 对镜自视的感怀与释然

第一节
心病还须心药医

怒伤肝、喜伤心、忧伤肺、思伤脾、恐伤肾。

——《黄帝内经》

我国的传统医学中，对情志波动影响身体健康的研究可以追溯到上古年间。中华上下五千年里，修身养性从来都是一个大命题，更有不计其数的学说和门派将此作为例行的功课。而如今，快节奏的大时代下，大起大落的消费主义浪潮中，越来越多的现代人认识到，物质的丰富无法与幸福的人生画等号。一旦坏情绪在我们的内心打了结，不只会成为心灵的枷锁，还会触发身体的反应，影响我们的健康，正是俗话说的"病由心生"。

我们身体的免疫系统、消化系统，尤其是内分泌系统都可能会受到坏情绪的攻击，许多人由此引起头痛、胃痛的情况比较多。所以，当金金没有预约，"空降"到咨询室，双手紧紧地捂住胸口喊"疼"的时候，我马上建议她先去医院体检一下。

金金说："都查了，中医西医都看了，没有问题。"她的声音略显沙哑，稍显凌乱的短发下，乌黑的眉眼本应该显得精神，但是散乱的眼神里，如星火般跳跃着焦灼和颓然，让人似乎能感受到她身体上的痛苦和心灵上的挣扎。这个美丽、高挑、结实的中年女人，让我想起在某个影视作品里看到过的一匹马，当一支箭射中它，而它不知道怎样摆脱痛苦时，它就带着那支箭在草原上狂奔。它的急切像火焰一般从眼中喷薄而出，血汗如流水一般随着它的奔跑洒落。可是，越奔跑，血流得越多，痛苦就越深，它不懂得怎样停下来去处理伤口。

被紧攥的心脏

金金为了检查"胸痛"这个毛病，辗转去过好多地方。心口一阵阵的疼痛，仿佛有一只无形的大手掌控了她的心脏，时不时会狠狠地攥两下。金金第一次感到疼痛的时候，几乎以为自己是突发心梗，赶紧跑去医院做了心脏彩超，结果什么问题都没看出来。但是从那以后，疼痛就在她的心上生了根。那种不规律的疼痛感太真实了，于是，她又去做全身检查，还进行了24小时心脏动态监测，可是除了有点心律不齐，什么问题都没查出来。她又打听到几位中医专家，去把脉问诊，专家倒是一致说她有劳心伤神的毛病，给她开了一堆中成药和汤剂。本以为找到病根了，吃了两个月，疼痛的症状还是不见改观。

金金十分诚恳："冯老师，我现在也不知道拿这个痛怎么办了，疼起来就想办法转移注意力，熬着，等它自己疼过去。"她说明来意，显然对我也没有抱太大期望，"上周，我做推拿时，推拿师说，我这个毛病，经络疏通都不能缓解，可能是'心病'。我打听了一圈，听说您这里很专业，就想来试试"。

听她这么详细地说完疼痛史，我判断这大抵就是心因性的疼痛，是心理问题的"躯体化表现"，通常除了会在身体上出现偏头痛、颈椎痛、胸口痛、腰痛等痛症，还可能有失眠、疲倦、皮肤过敏、内分泌不调等症状。我理解这是身体在发出信号，提醒我们去探寻隐藏在疼痛下的心念，看到身体不适的根源。

我引导金金感受自己的身体和心脏。

我：我们深深地吸气、呼气，在一呼一吸间把身体放大，慢慢地，身体变大，像一个房子那么大。可不可以？

金金：可以。

我：我们现在走近看看自己的心脏是什么样子？

金金：看不清。

我：深呼吸，将身体放大到五层楼那么高。想象有一道光照亮了我们的五脏六腑，信任那道光，跟着光往前，能看清吗？

金金微微皱起眉头，片刻沉默之后微微颔首说：很勉强，是个暗红色的心脏，它在跳动。

我：有什么感受？

金金愣了一会，迟疑地说：就是胸口痛，难受。（重复）

我换了一个方式：胸口痛有没有对应到现实中的人和事呢？有什么画面吗？

金金：它很生气，它在恨一个人。（重复）

金金的恨意，源自婚内出轨的丈夫。

金金和丈夫均来自华北平原的小山村。十五年前，这对素不相识的

年轻男女在广州的同乡会上相识，惊喜地发现彼此的老家竟然只相距60公里。他们一见如故，镌刻在记忆中的童年和少年时光，可以在彼此的经历中找到太多重合：都在四季分明的气候里成长，小时候经常爬树，撸榆钱、吃槐花；他们玩过相同的游戏和玩具；想念着同一种美食；甚至还有共同认识的同学和朋友。很自然，这对充满默契的年轻人在遥远的异乡热恋了。

这段美好的爱情，被金金叙述得十分细致，但她面容平静，语气平淡。那些过往在她的心里，仿佛被压成一张定格的画面，锁进心房与情感彻底隔离。

金金："他是我的初恋，我对他一心一意的，跟着他吃了好多苦，终于在广州有家了，有孩子了，生意也做起来了，他却有别人了。"

虽然在满目繁华的都市里，青春靓丽的金金也经历过一些诱惑，但她从没有过三心二意。她和丈夫从骑着电动车，给人送货开始，做到后来有了四五十人的供货仓，整整苦了十年。夫妻二人在广州买了房，安了家，女儿和儿子相继出生，一切都稳定了下来。金金满心以为，终于可以过上轻松舒心的日子了，没想到，丈夫竟然背着她"金屋藏娇"。

金金讲述这段经历时，我几次问她的感受，她始终带着茫然的神情，表示体会不到。她的情绪从头至尾都有所控制，说到夫妻两人年轻时的创业经历，眼角有泪水溢出，紧接着那串泪滴就被她用手背抹去了。说到丈夫在外面找女人时，她的眉头倒竖，控诉中拔高的声音有些尖利。

杀意

对话中，我几次请金金将现实带入想象中的场景。她却在尝试后，都表示做不到。与经历的背叛相比，她的肢体语言和面部表情显得太平静了，她的情绪与描述的痛苦是"不配套"的。我意识到，她的感受始终在表层潜意识中徘徊，不曾深入。如何抓住一个情绪点引爆，让她在我的带动下，勇敢说出内心真实的想法，需要某个合适的契机。

我再次将话题带到胸口痛上。金金第一次胸口痛是在发现丈夫出轨之后的第二周。其实在两年前，就有人告诉她，见到她丈夫副驾的位置坐着别的女人。在她问起时，丈夫都用生意场上的应酬为理由搪塞过去了。那段时间，丈夫在几个狐朋狗友的游说下，坚持再投资新项目。而金金要管理原来的批发生意，要张罗女儿入学、儿子入托，虽然有保姆帮忙，但也是忙得团团转。夫妻两人如同两颗各自旋转的星球，每天的交集越来越少。虽然如此，但金金选择相信丈夫。

金金：看在我跟着他吃了这么多苦，看在两个孩子的份上，我想他但凡有一点点良心，也不能做出背叛我的事。

我：能看到在明确知道他背叛你后的那个画面吗？

金金皱起眉头，我看到她在努力尝试，希望能回想到当时的画面。但十几秒后，她叹了口气，摇摇头表示看不到。我只能请她继续讲述，努力捕捉关键信息，打算在接下来的造影中使用。

半年之前的一个雨天，金金在前一晚将被剐蹭的车送去补漆了。那天早上，她送孩子上学时开的是丈夫的车。细细密密的雨丝，夹杂在冷冷的风里，金金一路上都没开车窗。然后，就在车子密闭的空间里，嗅到了隐约的茉莉香，那是女性的香水气息，金金内心的敏感忽然被激发。

那天早上，她没有去公司，而是回家翻看丈夫的手机。她以为只会找到蛛丝马迹，结果却是直接真相大白。也许是金金一向信任丈夫，没

有查过他的手机，但丈夫与第三者的聊天记录可以追溯到很久以前。

金金：我觉得自己要疯了，把手机摔在他脸上。

我：他还在睡梦中吗？

金金：是的，他还在睡觉，被手机砸醒了。我一说出那个女人的昵称，他就承认了。

金金终于激动起来，腮边的肌肉开始颤抖，手撑在沙发上，指尖抠进沙发垫的边缘，深深地陷进去。

我：你知道了这些，有什么感受？

金金：我想离婚。

离婚依然是理性的思考和判断，我尝试用语言勾勒她所描述的画面，这种造影，是为了帮助她进入回溯状态，重新体验当时所发生的事件，将一直压抑的情绪释放出来。

我：窗外的雨还在下着，你站在床前，心里充满了愤怒。老公还在沉睡，他伤害了你，却睡得那么心安理得。你把手机砸向他，他醒了，承认背叛了你，你想怎么做？

金金的嘴唇哆嗦着，终于喊出来：我，我想杀了他。

我：你最好的年华、最真的感情、最大的信任都给了这个男人，可是他背叛了你，你想做什么？

金金：我要杀了他，阉了他。（重复）

金金一声声地喊"杀了他""阉了他"，说一遍，就喘口气，呼吸急促，整张脸是红的，额角的青筋鼓胀着，拳头捏得紧紧的，右拳随着喊话的节奏，向身前不停挥舞，仿佛手握一把看不见的利刃，砍向空气中固定的某处。

当触及潜意识深处的爆发点，金金不再需要我的引导，她咬牙切齿，自发地喊到嗓子嘶哑，全身发抖才停下来，她的声音慢慢低下去，眼泪在这一刻终于肆意横流，如决堤的江河，一直流到那天的咨询结束。那是压在心底几个月的恨意。

她与丈夫吵过、闹过；她打过丈夫、砸过东西；丈夫跪在她面前发誓痛改前非时，她也曾涕泗横流。但直到进行了这次深层潜意识释放后，她才明白，先前的吵闹、打砸和泪水，都只是意识层面的发泄，从不曾真正打开过自己。

金金坐直身体，眼睛虽然红通通的，但已经略略恢复了神采。她捂住胸口，淡淡一笑，由衷地说："冯老师，我的胸口感觉稍微舒服了一点，不过还是感觉有点闷闷的。"

这是不断累积的愤怒情绪得到真正释放后的自然反应。但这只是第一步，毕竟一路同行十余年的那个人身上，不只承载了她鲜妍的青春时光，努力的劳顿繁忙，还背负了她关于未来幸福生活的憧憬和相伴到老的愿望。他给她带来的伤害，不会只有愤怒，她的委屈呢？失望呢？不甘呢？都还在心中的某一处吧。

大姐大

为了让金金尽快把内心这些情绪统统释放出来，我让金金再次进入潜意识场景中，看看她跟丈夫之间到底发生了什么，才导致了今天这样的结果。

我：我们看看老公的过去，可以吗？

金金：可以。

我：回顾一下，看看他从小是怎样成长起来的？

金金：其实我老公小时候也可怜，他从小就没有人管。

我：有什么画面吗？

金金：我好像看到有很多人欺负他，他哭哭啼啼的。

金金讲起了丈夫的童年，他年幼时父母都出去打工了，把他丢在老家，跟着年迈的爷爷奶奶生活。由于缺乏父爱母爱，他从小性格比较内向，不太擅长人际交往，人很老实，也很憨厚，让人觉得很安全。当初自己正是看到他人品不错才决定与他结婚的。她和丈夫算是白手起家，在这个陌生的城市打拼，刚开始创业时，她像个男人一样，风里来雨里去，为了把厂子里的事情做好，她跑工商跑税务找各种关系。为了推销业务，她隔三差五陪客户喝酒，大口大口地干杯。而丈夫只能在一边做些辅助性的工作。

她说："要论对这个家的贡献，我哪里做得比他少，他可是个大男人啊。"金金重重地叹了一口气。"现在我年纪大了，是没有以前那么漂亮。可是，他要找也找一个比我优秀的女人，却偏偏找一个又老又丑的，这究竟是为什么？"

我望着眼前的金金，虽然人很憔悴，但不得不说，她身材高大，脸庞轮廓分明，高高的鼻梁，一双会说话的丹凤眼，年轻时一定是个美人。虽然金金文化程度不高，没读大学，但我能明显感受到，她是个风风火火干事业的女强人。金金的婚姻出现问题，会不会也与她的性格有关呢？

我：看看我们在婚姻中与老公的相处模式是怎样的？

金金：很多事情都是我说了算，他不太表态。

我：然后呢？

金金：我的个性比较强，他一直都知道的，也没有不适应啊。

我：看看自己给老公的爱是怎样的？

金金：好像也是强势的，我强他弱。

金金从小长在一个充满爱的大家庭，由于是长孙女，她深得爷爷奶奶的宠爱。她从小调皮捣蛋，上树捉鸟下水摸鱼，性格跟男孩子一样野。她记得小时候邻居家的男孩子要欺负她弟弟，她冲上去对他就是一顿打，打得对方哇哇求饶，从此男孩子不敢再欺负他们。所以，金金读书上学期间，在学校里也没人敢欺负她。不仅如此，许多女生都愿意跟着她，把她当"大姐大"，因为她会保护大家。

我问金金："那在婚姻家庭中呢？自己是什么角色？"

金金显然愣住了。她从来没有把自己的性格、角色同家庭婚姻联系起来。她说虽然说不上是保护家庭，但的确遇到事情都是她挡在前面，她为事业冲锋陷阵，也为家庭生活冲锋陷阵，的确是个"大女人"的角色。

金金慢慢反思起来，她问："难道我老公就是把我当成一个男人依靠，现在不用依靠我了，就另外去寻找一个他需要的女人？"

金金的领悟越来越深入，这让我非常高兴。我决定让金金顺着自己的思维继续往下探究，直到能解开她内心的纠结，看清未来的方向，这样她才能彻底走出自己的伤痛，重新开始新的生活。

我：问问老公，到底需要怎样的爱？

金金：他好像不说话。

我：然后呢？

金金：他低着头，不敢看我，像个小孩子。

我：你还想跟他说什么？

金金：你像个小孩子，我就像你的父母，为你遮风挡雨那么多年，你到底还想怎样？（重复）

我：嗯，继续，看看他有什么反应？

金金：他好像还是很孤单，既想找爸爸又想找妈妈。（重复）

在潜意识中，金金看到自己的丈夫小时候很孤单，对父爱母爱的需求都没有得到充分的满足，心理层面上会去找爸爸找妈妈。而丈夫这些未满足的心理情结，在成年后的婚姻中刚好得到了一部分满足，金金所扮演的，恰恰是那个"父亲"的角色。而那个年长的婚外情对象，也许就是"母亲"的角色了。

当男性缺乏母爱，就与之前可可的案例中女性缺乏父爱的情况相似，他们会倾向于通过找一个更强大和成熟的伴侣来弥补这份爱的缺失，金金的丈夫便符合这种情况。加上过去三年里，家里生意的压力越来越大，极度依赖过去的旧渠道，丈夫开拓新项目的进展也十分缓慢，无法及时地转型。独当一面的金金成为了家里的顶梁柱，这让丈夫更加无地自容，家庭矛盾也日益加剧，于是丈夫选择逃往一个年长女人的怀抱，尝试找到童年时渴望而得不到的，能对他无条件包容的母爱。

金金睁开眼睛，若有所思地对我说："冯老师，我好像明白了，他只不过是为了寻找母爱的感觉，如果这样来理解，我尽管不甘心，心里还是好受了一些。"

果然，金金摸摸自己的胸口说："感觉轻松了好多，没有那么疼痛了。"金金觉得很神奇,她之前找中医西医给自己看病都没什么效果,到头来不用打针吃药,通过两次心理咨询,自己的胸口痛就好了很多。这让她对继续咨询有了信心,她希望能通过咨询让自己变得更好。

幸福的天平

金金第三次的潜意识对话中,造影的环节与上次有了一些不同。之前她是独自在大海里漂浮,有气无力。而这次,她遇见了两只小海豚,他们跟在她的身后快乐地遨游。出现这个"带着两只小海豚"的意象,可以解读为当金金的愤怒释放之后,她开始将关注点放在了儿女身上。不过,她依然无法感受到海水的温度。

我:整个身心柔软下来,再试一下,能不能感受到海水的温度了?

金金:没什么感受。(重复)

我:我们对生活中的什么事情是没什么感觉的?

金金:虽然老公不肯离婚,可我再也感觉不到他的爱了。(重复)

重复中,金金戴在脸上的那层叫作"平静"的面具,仿佛出现了一丝裂痕,她的睫毛在颤,声音也在颤,但这还不够。

我抬高声音,加强指令的细节:"大声说出来,深呼吸,认认真真地说出来,'我感觉不到你的爱',说出来,说给他听,由心而发,让他知道你真实的痛苦,想哭就哭!"

金金跟着我的指令,重复到二十多遍的时候,号啕大哭起来。

对于金金来说,丈夫的背叛,即使没有走到离婚那一步,也是关系的破裂,是亲密关系丧失的创伤。从青年到中年的十余年间,她和这个

男人共同经历风雨，还有共筑的计划和梦想。他们不只是爱人、是伙伴，还是战友，这几个角色的底层基础，都是信任。失去了信任，情感也就戛然而止了。建立在这几重关系上的亲密也就此崩解。所以，金金因遭遇背叛所体会到的伤痛，可能要超过大多数有同样经历的夫妻。也因此，在她的愤怒得到发泄之后，哀伤还会继续。

当人们失去所爱的人或物时所经历的情感状态或心理反应过程，常见的情绪表现为：震惊、悲伤、愧疚、恐惧和愤怒，等等，但每个人的哀伤过程长短不一，应对方法也各有不同。为了帮助金金更好地应对和处理哀伤，我决定从两个方面入手，一方面是看看她自身有没有应对哀伤的潜能，另一方面是帮她一起寻找周围的社会支持，获得内心的力量。对金金来说，丈夫的背叛、婚姻的裂变的确导致亲密关系的丧失，但建构一个人精神支撑的，还有亲子关系和社会关系。

金金有两个孩子，大的是女儿，已经十三岁了，正在上初中。小的是儿子，只有七岁。平日里，两个孩子上学的事也是金金操心比较多。由于忙生意，金金有时顾不上小孩，女儿很懂事，经常帮着照顾弟弟。但自从他们夫妻之间开始闹矛盾，孩子也变得非常敏感，特别是看到他们夫妻打架，儿子有时候吓得哇哇大哭。金金说："自己只顾发泄情绪了，可能没有顾及孩子的感受，现在家庭变成这样，我觉得最对不起的还是自己的孩子。"说到这里，金金又开始流泪了。

对于一个女人来说，孩子就是自己的"心头肉"。丈夫也许可以不要，但孩子她将如何面对呢？金金已然意识到当前的家庭状况影响到了亲子关系，当她能从丈夫对她的伤害中转身，将更多的关注放到孩子身上时，意味着她在走出哀伤的道路上迈出了一大步。于是，我让金金想象此刻孩子就站在跟前。

我：让自己安静下来，我们看看自己的儿女是什么状态？

金金：看到女儿在哭，儿子一脸茫然。

我：看到女儿哭你有什么感受？

金金：我也很难受，我知道他们纠结什么，他们害怕看到爸爸妈妈打架。

我：那有什么话想对儿女说的？

金金：我们不会再打架了。

我：重复说出来，大声告诉孩子。

金金：我们不会再打架了，不再打架了。（重复）

我：再看看孩子们有什么反应。

金金：儿子笑了，女儿好像还是不相信。

说到这里，金金再一次泣不成声。在金金的内心，她已经深深体会到了自己的婚姻对孩子的伤害，女儿略大，有自己的分析思考能力，显然有点难以原谅他们。儿子小，善良又好哄。

金金记得，儿子三岁时，学唱《世上只有妈妈好》。唱到"有妈的孩子像块宝，没妈的孩子像根草"那句，儿子仰着天真的小脸问她："是不是如果你跟爸爸离婚了，我也会成为一棵草？"金金当时肯定地回答儿子："爸爸妈妈不会离婚的，你永远是妈妈的宝。"儿子听到这句话脸上笑开了花。这一幕始终在金金的记忆里挥之不去。

因此，如今金金依然在纠结中痛苦。她想给孩子完整的家庭，但同时在理性与情感上知道与丈夫的关系不可能再破镜重圆，但是孩子怎么办？天平两端的平衡被丈夫的出轨背叛破坏后，她再也无法维持下去。她不停地问："冯老师，我该怎么办？我该怎么办？"我引导她在画面中

真诚面对孩子，追随自己的内心，不用刻意去寻找答案，一切自然都会慢慢呈现。

我：想跟女儿再说点什么呢？

金金：相信妈妈，给妈妈一点时间，我会越来越好的。

我：她听见了吗？

金金：好像没有听进去。

我：继续说。

金金：爸爸妈妈的事情我们大人会自己解决好的，不会影响对你们的爱。（重复）

我：然后呢？

金金：妈妈也会越来越好的，给妈妈加油，好吗？宝贝。（重复）

我：现在她有回应吗？

金金：好像嘴角有点笑意了。

我：看到她这样回应你有什么感受？

金金：我当然高兴。

我：过去抱抱儿子女儿，还想跟儿子女儿说点什么？

金金：妈妈爱你们，妈妈舍不得你们。（重复）

在缓缓的叙述中，金金果真顺应自己的内心，把爱的意象明确投注到孩子身上。曾经在她提出离婚时，丈夫始终不同意，并以孩子为砝码，威胁说如果要离婚，两个孩子都不给她。可是把儿女留给丈夫，她怎么能放心呢？

金金再次回忆过去的婚姻生活，那时，她忙得像个陀螺，孩子的吃喝拉撒要管，丈夫的衣食住行要照应，工厂里的大事小事她也要管，这么多年了，她为了这个家简直是呕心沥血，没想到到头来竟是一场空。

她和丈夫闹离婚后，父母和很多亲戚朋友都来劝她，能不离就不要离，毕竟自己辛辛苦苦撑起一个家不容易。如果两人说散就散了，对孩子也不负责任。更何况金金知道，女儿和儿子，是害怕爸爸妈妈离婚的。面对周围至亲和熟人的劝告，她的心情更是一团乱麻。

爱是最强的力量

离婚难，不离婚也难。金金仿佛陷入了情感的沼泽地里。其实令她更为担心的是，如果孩子给了丈夫，丈夫必然还要再婚，她的孩子要管别的女人叫后妈，她想到那些后妈的故事就不寒而栗。

金金喃喃地说："我真不想把孩子给他们，他们吓唬我一个女人带两个孩子怎么活？可是，如果没有孩子我又怎么活？"

孩子的幸福固然重要，但妈妈不幸福，孩子怎么会快乐？金金犹豫而茫然。

过了一会，金金说突然想到自己的婶婶，叔叔早年意外去世，婶婶一个人把四个堂弟堂妹拉扯大，他们成人后，一家人好像过得也还不错。于是我让金金想象婶婶在眼前，看看她能否从中得到一些启示。

我：见到婶婶了吗？

金金：见到了。

我：想跟婶婶说些什么？

金金：想问问婶婶这些年一个人带着孩子到底难不难？

我：看看婶婶怎么回答。

金金：婶婶说的确很难，但咬咬牙也就过来了。

我：跟婶婶比较一下，觉得自己有什么不一样吗？

金金：我比她年轻，我的经济条件比她好。

我：嗯，还有吗？

金金：婶婶很关心我，她说如果带孩子有什么困难也可以找她搭把手。

金金说，婶婶是个非常坚强而富有爱心的人，为了不让堂弟堂妹们受委屈，在叔叔去世后婶婶硬是没有再婚，独自抚养他们长大，她很佩服婶婶。很多人劝金金不要离婚，只有婶婶比较体谅她，前一阵还专门打电话给她，让她自己想明白再做决定。

金金从婶婶身上回想自己，似乎内心渐渐有了一些力量。人在哀伤的时候，总会不知不觉去寻找支持。我问金金，平时遇到困境的时候通常都会怎么解决？金金说其实爸爸妈妈也是一直很关心她的，知道她这段时间的情况，妈妈也经常打电话来安慰她。

这次咨询，金金明显比前几次平静了许多，她渐渐放下丈夫婚外情对她的冲击和伤害，开始理性地选择和规划未来要走的路，虽然于婚姻的去留和抚养权的争取方面还有困局，但以她的勇敢和智慧，一定还会有新的突破和超越。

在心理学中，有一个分支叫作医学心理学，它是心理学和医学相结合的一门新兴学科。主要做的是心理变量和身体健康之间关系的研究，也就是研究心理因素在健康和疾病相互转化过程中所起作用的科学。近百年前，随着人们物质生活的逐渐丰盈，医学水平的不断提升，人们的身体却并没有越变越好，社会上反而出现了更多的病人。

很多著名的心理学家，比如弗洛伊德、阿德勒等，他们本是学医出身，却在大量临床工作中，发现很多患者的身体并没有什么毛病，但病痛却真实存在，而具体的原因他们无从查证。于是，越来越多的医生开始关注人们的心理发展，将心理咨询作为辅助手段，为人们解除病患。

就像金金，她看遍了中医和西医，吃了不少的药，却始终无法改善自己胸口痛的问题。而在潜意识对话中，当金金看到丈夫真正出轨的原因时，明白他因为从小缺乏母爱，缺失家庭的温暖，才在生活变好后想要逃离金金的管控和指责，才会想找一个像妈妈一样包容宠爱他的女人。这时的金金，看丈夫就像看待一个孩子，他依恋的不过是童年那份得不到的母爱。

想清楚了这些，金金的心便渐渐明朗起来。当她放走了不甘，消解了愤怒，也不再怨恨丈夫时，胸口也自然不疼了。

这是一个非常典型的因情绪太过压抑、心理影响生理的案例。现代医学已经把心理因素所导致的各种疾病统称为心身性疾病。最常见的心身性疾病就是偏头痛，发作的时候会伴有恶心、呕吐、视力障碍、肢体感觉运动障碍，等等。心身性疾病还有口吃、神经性呕吐、厌食、原发性高血压、冠心病等，甚至连癌症，都属于这一范畴。所有心身性疾病的治疗，都需要医学和心理学共同协作完成，一方面接受正规医院的医学治疗，另一方面也要从身心健康的观点出发，采取专业的心理疗愈手段。

后 记

再次见到金金时，她刚刚与丈夫办理完离婚手续。她微笑着跟我打招呼，干练的短发，精致的妆容，一身咖色的西服套装，整个人神采奕

奕。纵然对这个家有万般不舍，金金还是亲手把它拆散了。

其实，在离婚这个问题上，起初，丈夫并不同意，他仍然执拗地逼迫金金，拿孩子的抚养权作筹码，不愿离婚。金金也纠结了很久，但最后她还是遵循自己的内心，毅然决然地要与丈夫离婚。在内心里，金金是有一点点不舍的，从最初的情投意合，两情相悦；到后面的互相扶持，相濡以沫；再到最后有了经济基础，有了爱的结晶。其中的每一步都承载了她太多的青春印记，让她无法忘怀。她把最美的年华和最深沉的爱给了这个家，给了丈夫和孩子，很难轻易地割舍掉。但丈夫所犯下的错误，对家庭和自己的伤害，是她无法原谅的。金金认为，不生活在仇恨和抱怨中，两个人才能够重新开启新的生活，与其每天都纠结地生活在一起，倒不如都退一步，放过对方，也放过自己。

金金找到丈夫，认认真真地谈论了他们家庭和婚姻存在的问题。她告诉丈夫，她明白他成长过程中所经历的一切，也知道他内心所渴望的东西，但是她已无力给予。虽然她自己胸口的疼痛已经好了，但她仍然无法面对丈夫和他所做的一切，所以，她没有办法再与他继续生活下去。

丈夫再次道了歉，也表示了理解。在彼此促膝长谈的这个夜晚，他们诚恳地表达自己的态度，回忆了过往生活的点滴，也对各自的情感进行了剖析。金金承认，这个男人是她曾经唯一的爱，她把自己最美好的一段情感和生活都交给了这个男人。虽然最后的结果并不完美，但好在，最终决定分开时，两个人之间没有仇恨，只有给予对方的祝福。

接下来，他们开始讨论孩子的问题。金金表示，孩子的成长离不开母亲，况且这么多年来，两个孩子始终都是由自己照顾和陪伴的。丈夫作为父亲，他可能还不具备独立养育儿女的能力，更何况在这场婚姻中，丈夫是过错方。而金金，她不仅独立自主，事业也做得小有成绩，完全有能力抚养孩子。听了金金的陈述，丈夫也慢慢陷入了沉思，他似乎没有意料到曾经那么强势的妻子，突然就理解并原谅了他。他清楚已经无法挽回这段婚姻，不如就将自己最大的善良和真诚留给曾经最亲的人。最终，丈夫愿意将两个孩子的抚养权留给妻子，会按时给抚养费，并承诺多抽些时间去陪伴孩子们。

在这个案例中，金金是个名副其实的厉害女性，她强势、霸道、说一不二。这与她从小的生活经历有着非常大的关系。她曾经被爷爷当作男孩子来养，调皮捣蛋，上房揭瓦，爷爷从来不批评，有时甚至会夸奖和赞赏。所以，金金总是有满满的正能量，她积极向上，常常像个英雄一样去保护别人，也包括保护自己的丈夫。家庭生活中，她始终是一个强者的角色，但她的丈夫在羽翼丰满后，却开始梦想找一个小鸟依人、能够无条件包容自己的"母亲角色"的女人。

很多时候，我们无法控制世界，但可以选择通过解脱旧我的方式来过幸福的生活。就像金金，她通过心理咨询，了解到问题的根源，从而改善了身体病痛，也放下了一段无法挽回的感情。随后，她又通过艾灸等方式对身体做了调节，胸口痛的问题已经完全解决了。

在生活中，当不良的情绪发作时，我们可以试着通过静坐来了解我们身体和情绪的状态；可以通过阅读来开阔眼界、滋养心灵；甚至可以通过写作来了解和完善自我。实际上，我们每个人都有自我疗愈的能力，只不过大部分人习惯了浮躁的生活和快节奏的脚步，很少有意识地沉静下来，也很难去真正了解自己内心最底层的情感需求。

当然，如果身体已经出现疾病的症状，就需要我们格外注意，需要寻求更专业的帮助。人体就像一个精密而复杂的机器，有时是它的零件单纯地出现了故障，而有时却是管控零件的控制台出现了偏差。心理之

所以存在，是因为有生理的支撑，反之，心理上的变化也会直接影响人们的身体状况。在我们的体内，每一个脏器都需要正向的能量，如果人们的压力过大，心情低落，负面的情绪经常出现，自然就会对脏器产生损害，出现某种病症。面对人体这样一个复杂的有机体，我们需要时刻关注内心的感受，警惕潜意识给我们的启示，努力保持身心平衡，也只有这样，才能实现最幸福的人生。

第二节
焦虑的牢笼

要克服生活的焦虑和沮丧，得先学会做自己的主人。

——李嘉诚

研究表明，焦虑已经成为当今社会最常见的心理问题之一。在日常生活中，96%的人遇到过焦虑的事情，54%的人每天都面临着焦虑的情绪。焦虑，心理学将其解释为一种典型的心理症状，它是以焦虑情绪、自主神经功能失调及运动性不安等状况为特征的神经症，它所体现的是对未知事物的一种恐慌和压力。

当焦虑、迷茫、不安和沮丧渐渐成为当代人的"标配"时，一个令人不解的问题随之而来：为什么社会越进步，人们越焦虑呢？其实，人类的压力是与生俱来的，适度的压力所带来的焦虑，是人类不断发展的动力。但是，长期过大的压力和焦虑会让人们精神高度紧张，抵抗力渐渐下降，甚至出现各种疾病。不断加快的生活节奏，急于求成的社会常态，促使现代人内心的危机感逐渐加深。同时，因为大多数人很难在短

期内找到真正解决困境的方案，紧张和慌乱所带来的压迫感随之增多，内心就产生了越来越多无法释怀的焦虑。

第一次见到肖雷的时候正值夏季。广州的夏天常常热得恼人，太阳如同巨大的火球挂在头顶，好像马上就要把空气点燃了。大街上人们匆匆地走过，金色的太阳光晕投掷在玻璃上，晒得人昏昏欲睡。肖雷按照约定时间跟着助理走进来时，满脸的憔悴和疲惫，潦草的头发，略显褶皱的衬衫，让我感受到他最近的生活状态应该非常不好。

被囚禁的自我

肖雷进屋见到我后，礼貌地问了好，勉强地笑了笑，然后就这样尴尬地站在我面前不知所措。看得出他非常的不安和紧张，我请他坐下，他说自己最近的生活一团糟，工作繁琐，没有起色，孩子学习压力重、状态差，妻子背叛了他，父亲还总是训斥责备他，自己的身体也开始出现状况，常常头疼得厉害，甚至恶心呕吐。于是，我安抚他的情绪，让他先躺下来，试着在我的指令下一点点放松："深呼吸一下，吸到小腹肚子里面去，再吐出来。加快吸气、呼气，再吸再呼，加快，现在你有什么感受？"他慢慢地平复自己的情绪，然后痛苦地说："想哭，身体很难受……"

肖雷说，他始终是一个很努力的人，但同时也是一个非常被动的人。一辈子没有什么出息，上学时学习成绩一般，工作之后事业也做得平平无奇。虽然自己有着还算优越的家庭环境，有优秀的父母和妻子，但他总会有这样一个感受，似乎周围的人都比自己强，都有自主性，只有自己，每天在别人的安排和要求中度过。

肖雷生活在一个四口之家，父亲是医生，母亲是护士，他和姐姐是罕见的龙凤胎。那个年代，龙凤胎被视为吉祥的征兆，是十分值得庆祝的事情。他们的出生让全家人喜出望外，尤其父亲更是对姐弟俩寄予厚望。

　　可是学生时代的肖雷，成绩却始终不太理想，成年后也不能依靠自己的能力找到一个好工作。后来，父亲经过托关系，为他找到了一个银行柜台的工作。父亲说："银行的工作好，既稳定，福利待遇也不错，今后再找个不错的姑娘结婚生子，一辈子安安稳稳也是很好的。"

　　步入工作岗位的肖雷很努力，他知道自己资质平平，没有显赫的家庭背景，于是每天认真地学习银行的相关制度和工作流程，踏踏实实地生活。有一次他与朋友外出游玩时认识了小梦，她开朗漂亮，也很善谈，两个人相处得很融洽，便很快建立了恋爱关系。可是这件事被他的父亲知道了，简单了解过后，父亲坚决反对肖雷与小梦谈恋爱，理由是小梦的工作不稳定，家境也与自己家不匹配。肖雷很不服气，但在父亲的极力反对之下，他还是妥协了，忍痛与小梦分了手。

　　之后，肖雷又遇到了一位不错的姑娘，父亲同样以强硬的手段逼迫肖雷分手。本来美好的恋爱接二连三地遭受到父亲的强横阻挠，肖雷心里很不是滋味。他几次想找机会与父亲摊牌，问问他到底想让自己找一个怎么样的女朋友。没想到，父亲竟主动给他介绍了一个门当户对的女孩，也就是后来他的妻子刘琴。第一次见到刘琴时，肖雷有点惊喜，因为这个女孩穿着干净利索，有一种迷人的飒爽感觉。她漆黑的长发高高地扎起一个马尾，穿着浅灰色的小西装，自然洒脱地笑着，一下子就把肖雷的心给抓住了。

　　这次恋爱谈得异常顺利，很快两个人就确立了关系，双方见了家长，

婚礼就被提上了日程。看着儿子与刘琴发展得这么迅速，父亲也感到非常欣慰，开始为他们操持着买房子、办婚礼，忙得不亦乐乎。那段时间，一家人都非常辛苦，尤其是父亲，几乎整场婚礼都是他一手操办的。父亲似乎对他能找到这样的老婆表示很满意，而他自己，也心安理得地享受着这一切。

回忆到这里时，肖雷始终紧锁的眉头稍稍有了舒缓，他似乎沉浸在与妻子刚刚恋爱时的甜蜜和新婚的快乐中。他说，从小到大他几乎从未跟父母，尤其是父亲发生过激烈的对抗和冲突，就算对父亲的责骂和安排不满意，他也只敢小声嘟囔，或者一个人时偷偷地流泪。但自从结了婚，自己那个"厉害"的妻子常常会为他打抱不平，甚至挺身而出，与父亲的专横和蛮不讲理对抗。

记得有一次吃饭，父亲因为他抱怨工作中同事关系的事而大发雷霆，冲着他一顿训斥，说他应该站在同事的角度多为对方想一想，多去做一些力所能及的事情，而不是遇事只会无休止地抱怨。这时妻子不愿意了，她直接回怼父亲："爸，您这么说我并不觉得对，这位同事明显已经做得很过分了，他这样很多次了，前几次肖雷都在忍着，也在帮助他，但他这是习以为常啊，把谁都当傻子耍呢，谁活该天天帮他干活还替他背锅啊？"很显然父亲被儿媳妇这突如其来的顶撞给搞蒙了，于是他吹鼻子瞪眼地冲着小两口一顿吼骂。

事后，肖雷虽然委婉地向父亲道了歉，但心里却觉得美滋滋的。以前，在父亲面前他总是不自觉地低着头，耸着肩，而如今，妻子似乎让他一下子有了直面父亲的底气。有这样一位力挺自己的妻子，肖雷别提有多高兴了，他在内心中更加喜爱和依赖妻子了。听到这里，我却感到心中一紧，虽然我看到了他与妻子之间相互的呵护和关爱，但同时也感受到，肖雷这种过分的依靠会让他们的亲密关系形成一种不稳定、不平等的状态。

果然，随着谈话的进一步加深，肖雷稍有缓和的神情又开始紧张起来。凡事要强有主见的妻子，除了能够帮他"压制"父亲之外，也有着较强的事业心和工作能力。妻子的事业越来越顺利，除了工作，她还跟朋友开了一家小店，生意也做得风生水起。反观自己，始终在银行按部就班地工作着，每天忙忙碌碌，却没有一点成就感。妻子不止一次地埋怨过他毫无事业心，生活得过且过，没有追求。起初，他还想方设法地试图改变，希望能够满足妻子的要求，但结果却徒劳无功，他渐渐也对自己失去了信心。

很快，儿子出生了，妻子的脾气也越来越大，不断地埋怨他的无所作为，抱怨他的懦弱和无能，对他充斥着指责和不满。妻子希望他能够赚更多的钱，他说自己也想改变，但是无能为力，他没办法完成老婆对他事业上的要求。他有时甚至会认为，妻子有些无理取闹，自己已经有了稳定的工作，有了可爱的儿子，生活就这样安安稳稳地过，又有什么不好呢？

直到有一天，当他在家附近见到自己的妻子与其他男人亲昵暧昧地在一起时，整个人都崩溃了。他无法表达自己当时的感受，只是一遍遍地哭述："我到现在都无法理解，她究竟为什么要这样对我，为什么要对我做这样的事！难道我对她不好吗？不宠着她、不迁就她吗？我无论什么事情都在按照她的意愿做！"

可即便如此难受，他仍然忍受着，不敢去问妻子，甚至不敢去面对这件事情。最后，还是妻子主动提出了离婚，她说："我们两个人根本就不是一路人，你有你的生活态度，我也有我的理想和追求。我们相互放

过对方好不好？我们不要相互折磨了。"

肖雷却不这么认为，他始终觉得妻子才是最适合自己的那个人，面对妻子坚决离婚的意愿，他无法接受，甚至无法想象离开了妻子，自己究竟如何生活下去。他说："我也想变得优秀，可我真的无能为力，是不是我的能量太弱了，我总是无法满足妻子的要求，不能给她足够好的生活，我真的很没用！对于父母我是个没用的孩子，对于妻子我是个没用的男人。"

他当时的眼神空洞又无助，妻子的背叛，让他的情绪在恨妻子与怨自己中不断徘徊。可他最终还是拗不过妻子，妥协了，与妻子办理了离婚手续，但将儿子留在了身边。离婚后的前妻很快组建了新的家庭，而肖雷，却始终无法从这段失败的婚姻中走出来。他更加自卑和沮丧，甚至对自己的未来失去了信心。与家庭，尤其是与父亲的矛盾也越来越激化。他开始焦虑、失眠、情绪低落，甚至偶尔会觉得活着毫无意义。

生活中的大部分焦虑，是由人们的内心冲突所产生的，是长时间的紧张、害怕、不安、惊慌失措、坐卧不安的必然结果。很显然，肖雷的焦虑及压抑的情绪，来自长时间对自我的否定，父母亲的强势和包办，以及前妻的不满和背叛。而由情绪所引起的不良症状，常常会让人们误以为是自己的身体出现了问题。比如自主神经功能失调所引起的心悸、胸部发闷、呼吸急促、口干舌燥、腹泻、尿频尿急、大便秘结、皮肤潮红或苍白，甚至有些男性患者还会出现阳痿、早泄等症状，而部分女性会出现月经紊乱、内分泌失调等症状。

而此时的肖雷，已经出现了非常严重的头痛症状，他说："我总觉得自己的肩膀特别硬，身体很沉，头总是很痛，特别特别的痛。每天上班有做不完的工作，下班回家还要面对孩子焦头烂额的学习任务。我感到自己就要爆炸了，一点闲暇的时间都没有，时时刻刻都在高度紧张和焦虑中度过。"

被控制的人生

精神分析学派创始人弗洛伊德认为，人的完整人格是由本我、自我和超我所组成的。"本我"是指人们最原始的、属于人类本能冲动的欲望，比如饥饿、生气、性欲，等等。"自我"是指个体中自我意识的那一部分，它从本我中分化出来，用来调节本我和超我之间的矛盾；"超我"则是人格结构中道德化的自我，它往往受到社会规范、伦理道德、价值观念等影响，从而形成人格结构的最高层级。简单来说，"本我"是人的本能，"超我"是人们的理想化目标，而"自我"则是二者冲突时的调节者。当"本我"和"超我"因冲突出现不可调和的矛盾时，人们就会产生一种压迫感，使得自己的内心变得焦虑而烦躁，这就是自我焦虑不断产生的根本原因。很显然，此时的肖雷内心的那个需要保护的"本我"和以道德标准衡量自己的"超我"在不停地争斗，一面在告诉他要寻求依靠，一面又在"责备"他的无能和毫无作为。他就在这种激烈的自我矛盾中迷失方向，一蹶不振。而他之所以依赖前妻，也是因为她直爽泼辣的性格，这样的性格完全可以帮助自己与父亲抗衡。这种抗衡，是自己从小到大从来不敢做的，也正是为了对付自己的父亲，他才娶了这个老婆。因为在潜意识里，他从小就被父亲打压着，他需要借助力量进行反抗。

苏格拉底曾说："人，最难的就是认识自己。"很多人一辈子都在不停地努力，盲目地生活，拼命地赚钱，看似不停地追逐，却仍然没有实

现自己的梦想。那些不会停下来体会自己感受和需要的人们，很容易被某些人和物牵着走，从而迷失了前进的方向，忘记听一听自己内心的想法。那些无法正视焦虑，不会很好地排解负面情绪的人们，往往是因为从小没有很好地发现自己内心的力量。所以，很多人在面对生活中重大的问题和事故时，开始表现出退缩和恐慌的情绪。

于是，我决定带着肖雷，去探索一下他内心真正的焦虑和恐惧。

肖雷出生于一个医护家庭，父亲是海南人。在广州读书时，父亲认识了年轻漂亮的母亲，两个人的感情轰轰烈烈，毕业后很快就结了婚。但是因为父亲家庭有地主的成分，单位始终不能将母亲的工作调到海南。于是，两个人开始了两地分居，一有难得的空闲，就跨过海峡相见。婚后不久母亲便怀孕了，而且一怀就是双胞胎。母亲一个人一边忍着孕吐一边辛苦地工作，非常不容易，也常常情绪低落，总忍不住抱怨父亲是个甩手掌柜，抱怨孩子不该这个时候来，抱怨生活的艰难不易。

后来肖雷与姐姐出生了，父亲为了方便照顾他们，放弃了在老家优厚的待遇和积累的人脉，把工作调来了广州。但在肖雷和姐姐两岁多时，父亲又被安排下乡，到一个非常偏僻的农村当医生，一去就是好几年。那个时候母亲的工作也很忙，两个孩子没人照顾，便被送到了附近的幼儿园。肖雷直到现在仍然能够想起，幼儿园里照顾他们的阿姨冲着周围叽叽喳喳的小朋友吼叫的狰狞表情，他依然能记得自己每天不停地找妈妈、喊妈妈，不停哭泣的无助。这样的生活过了两三年，直到快五岁时，父亲才从乡下转回来，与家人团聚。

而谈起父亲，肖雷能想起的都是冷冰冰的面孔和严厉的命令，尤其是对自己，父亲几乎从未欣赏地笑过一次。有一回，父亲破天荒地给他讲了一本故事书，他非常高兴，但父亲随即让他坐下来，写一篇读后感。

一个四五岁的孩子根本不懂得什么叫读后感，但父亲却执意让他去完成。见他茫然不知所措的样子，父亲就一直用铅笔敲他的脑袋，骂他笨蛋。在成长的过程中，父亲在肖雷的面前始终有一种可怕的压迫感，他太不喜欢父亲了，但却从不敢正面去抗衡。

　　心理学家麦克斯白（Macceby）曾提出亲子关系发生变化的三个阶段模式，即在不同的年龄段中，父母与子女应该有不同的关系模式。他表示，亲子关系的第一阶段，是在孩子六岁之前，这个时候幼小无助的孩子最需要的是安全感和爱，他们需要父母全身心的投入和帮助，需要鼓励和赞美。但很显然，肖雷在这个阶段，只有陌生的环境和粗鲁的阿姨，对他严苛又专制的父亲，和总是忙碌、无暇顾及他的母亲。所以他在内心深处，非常缺乏安全感。

　　后来，随着年龄的增长，肖雷和姐姐到了上小学的年纪。肖雷说，父亲是个很有成就的医生，他曾经是妥妥的"学霸"，学业成绩非常优秀，所以他非常重视子女的教育，尤其重视男孩的成绩，他对肖雷的要求远远超过了姐姐。但肖雷却是父亲眼中名副其实的"学渣"。父亲常常对他说："你为什么不像我那个样子，你为什么这么糟糕，为什么这么点东西都学不会！"他说自己从小就活在父亲的责骂声中，从没活出过属于自己的模样。那时候，父亲只要一有空，就会在家里辅导他们的作业，给他们出题并进行检查。只要自己有一点点错误，都会遭到很严厉的批评和惩罚。

　　如今，肖雷的儿子也正是学业繁重的时候，他却很能体谅儿子的不易，不想给他过多的压力和负担。他说："我看到儿子很心疼，他才十几岁，每天都要开夜车学习。一学就学到十二点、一点，第二天早晨又要早起。他常常睡眠不足，但不学习又能怎么办呢，每个孩子都是这样成

长过来的。儿子总是跟我说，不知道应该听谁的意见，说感觉自己总是困在我和前妻之间，听我们对事情的不同看法，摇摆不定，觉得头痛。"

于是，我引导他回忆自己小时候是否也有类似的事情，或者类似的感受。他沉思了一会，然后说："有，而且很多。"

婚姻早期的分离并没有让肖雷的父母更珍惜后面的团聚，他们都是比较独立且有主见的人，常常因为一些小事闹矛盾，不停地争吵，每当意见不统一时，就会将难题抛给他和姐姐，让他们进行评判和选择。还有很多时候，父亲会说肖雷不听自己的话，骂他没用，母亲就会说："你怎么能听你爸的，你应该听我的！"就这样，肖雷常常无助地夹在父母中间，左右摇摆，无法找到明确的答案，不知道应该听谁的，所以犹豫又为难。

我：那你问问自己，到底应该听谁的呢？

肖雷：我想听自己的！但如果完全听自己的，我又觉得心里很难受，我始终觉得自己在这个家没有说话权，很多时候即便我说了，他们也不会同意，不如就不说了，每次看到父亲生气，我的胸口都很堵、很难受。

我慢慢地引导他梳理自己的情绪，他始终在父亲的压制下无法找到自我，童年时期的他在父母的争执中左右为难，这让他很痛苦。而如今，他突然意识到，儿子也在经历着自己成长过程中的那些无助和委屈。与前妻离婚后，虽然孩子判给了肖雷，但强势的前妻仍然经常参与到育儿的过程中，不断与肖雷发生纷争，每次与肖雷的意见有分歧时，前妻都会强迫孩子听从她的指令，完全忽视孩子的真实想法，这给儿子带来了很多心理压力。

他开始尝试站在儿子的角度，寻求更好的解决方式。他说："我想对儿子说：'我支持你，希望你能够做自己。不用总是顾忌爸爸妈妈的感受，不用总是怕我们不开心，总是担心我们，你可以试着做自己，不需要有负罪感。'我希望他不要像我一样，一辈子都在听别人的话，照顾别人的情绪，配合别人的工作，他应该学会为自己而活，做自己的主人。"

我很欣慰，肖雷无需我的引领，就领悟到帮助儿子寻求自我的有效方式。并不是所有的父母，都有他那份改变自我的魄力和悟性。大多数父母在孩子的成长过程中，仍然固执地担当着专制的"坏父母"。

很多父母觉得，只要是以爱的名义作出的行为，都是正确且有效的。正因为爱孩子，才会逼迫孩子做自己认为正确的事情，这个道理听起来有些牵强，却仍然是大多数父母始终秉承的教育理念。"我这么做还不都是为了你好！你怎么这么不懂事？"有多少人是听着父母这样的话长大的，而长大后又用同样的言语来对待自己的孩子。曾有一个扎心的问题，问倒了无数内心焦虑的父母：你觉得，只要父母努力地爱孩子，孩子就一定能够感受得到爱吗？

通常来说，爱有两种表达方式，一种是言语，一种是行为。中国人含蓄的民族性格，让我们不喜欢把浓烈的感情表现出来。可是如果父母不表达、不交流、不陪伴，光靠平时生活中的悉心照顾和所谓的严格要求，孩子根本无法得到内心的慰藉，无法体会爱的感受，自然就不会懂得更好地付出爱。另外，大部分父母给予孩子的爱，是他们站在成人的角度所认为的爱，这份爱本身是值得商榷的。每个年龄段的孩子对陪伴的心理需求都不一样，如果对孩子的心理成长规律不熟悉，父母共情孩子的能力又比较弱，就很难给到孩子真正需要的爱。父母只有懂得了接纳和理解，收起自己的傲慢，看到孩子的能力和优点，看到问题最终的根源，将内心的郁结舒展开，学会真挚地信任和赞赏孩子，才能使孩子

具有向前的目标和动力。在这一点上，肖雷已经开始不断地学习和改善了。

再见，"压力山大"

经过几次的咨询，肖雷的状态明显好转，他已经正视曾经因父亲的强势而被压抑在心底的最真实的自我，能够从婚姻的失败中走出来，并认真地思考自己的生活和对儿子的教育问题。可是他始终没能与自己的父亲建立更好的沟通，与父亲之间的关系仍然非常紧张。

他说，自从接受咨询之后，他更愿意学一些了解自我、有助于自我成长的书籍和课程。于是，趁着暑假的时间，他邀请儿子与自己一起学习我们的国学课。起初，很多知识点对于他们来说都很陌生，学起来有些吃力。但他们互相鼓励，反倒越学越觉得有意思，有韵味。不过肖雷的父亲却极力反对他们上国学课，常常训斥他们，找机会就责骂他们。

于是，在接下来的咨询过程中，我开始着重引导他去感受父亲，去体会自己与父亲之间的真实关系，试着让他一步步地走进父亲的内心。

我：我们试着融进爸爸的心里，看看爸爸的心是怎么想的？

肖雷尝试着去体会，过了大约两分钟之后，他说：爸爸很辛苦、很压抑，爸爸的身体很僵硬、手很麻……（哭）

我：刚刚看到了什么？体会了什么？有什么感受？

肖雷：没有看到什么，体会到全身很僵硬、手很麻，爸爸还很痛苦，因为我不听他的话，我与爸爸对抗，令他不愉快。

我：体会自己最近与爸爸有什么冲突？

肖雷：就是爸爸认为读国学没有用，但是我认为有用，傍晚家里播放国学，爸爸觉得很烦，不愿意听。我试着与他讲道理，但他就是不听，说我很蠢，不让我把买的书带回来，让我丢掉它，说是垃圾，说我被骗了……

我：爸爸这样说你时，心里有什么感受？

肖雷：觉得爸爸顽固不化……

我：还有吗？

肖雷：我很讨厌爸爸总是管着我，他为什么要一直管着我们呢？

"爸爸总是管着我"，这或许与肖雷父母恋爱、结婚、怀孕过程中的两地离愁有关，父亲的严格管束可能是对那一段分离时光的过度弥补，我便引导肖雷去追溯母亲对于怀孕的记忆。

肖雷：那个时候妈妈还在广州做护士，爸爸在海南当医生，妈妈的肚子已经很大了，可她还要工作，很忙，很辛苦。

肖雷边说，边用手在面前的虚空中抚摸，有如孕妇的家人亲昵地轻抚她的肚皮一般，肖雷已然进入与母亲共情的状态。我接着引导他去看母亲有什么类似伤心、担忧、焦虑的情绪。

肖雷：妈妈每天睡不好，肚子压在胸口上很痛，可是爸爸并不在身边，那段时间她很害怕，怕我们会有什么意外，如果我能回到过去，希望能够给爸爸打个电话，让他回来陪着妈妈。

我：对爸爸大胆地说出来。

肖雷：想你回来照顾我们……

我：我们再做一件事，就是让妈妈和爸爸手牵着手，去到一个很优美的地方，在小溪旁边散步，小溪里面有小鱼，山上有野花，我们来到

了一个瀑布下面，让瀑布洗净我们的心灵。让妈妈牵着爸爸的手，和爸爸聊天，很开心地在谈孩子要起什么名字，长大之后要做什么？可以吗？

肖雷：（点头）

我：很好！请告诉爸爸说："我很需要你，我们很好，我很爱你。"

肖雷：我很需要你，我们很好，我很爱你……

我：爸爸听了之后怎么样？

肖雷：爸爸很开心。

我：让爸爸牵着妈妈的手，眼睛看着妈妈，可以吗？

肖雷：可以。

我：很好！让爸爸对妈妈说："我回来了，你不用害怕了，你和孩子都很安全。你们很棒！"

肖雷：我回来了，你不用害怕了，你和孩子都很安全。你们很棒！（重复）

我：好，再让爸爸的手抚摸着妈妈的肚子，对肚子里面的孩子说："孩子们不用害怕了，爸爸回来了，不用再担心了。"

肖雷：孩子们不用害怕了，爸爸回来了，不用再担心了。

我：你们陪伴着妈妈，我很感谢你们，我们会很幸福的，你们很棒……

肖雷：你们陪伴着妈妈，我很感谢你们，我们会很幸福的，你们很棒……（像幼儿一样打哈欠多次，样子很安详）

随着重复，肖雷的情绪渐渐稳定下来，他曾感受到的妈妈内心的积怨在重复中得到释放。妈妈曾抱怨过孩子来得不是时候，这种抱怨不仅仅是对自己，对肖雷姐弟俩也是一种禁锢。它如同一座大山，压在肖雷的心里，一点点沁入到他的潜意识中，根深蒂固，无法自拔。

母亲的不安和抱怨让孩子们非常没有安全感，也使他们对父亲和父爱的需求不断加大。在孩子们的潜意识中，他们时刻需要父亲的保护，凡事都需要父亲的帮助，渴望父亲陪伴着自己，永远不离开自己。同时，这份抱怨也会让父亲不断产生自责，一方面是他认为妻子和孩子非常无助，想要努力去弥补在孩子们出生前后以及孩子们 2～5 岁的那段时间，自己无法陪伴在他们身边的缺口；另一方面是他在努力弥补的过程中，关心爱护孩子的方法有误，让肖雷只感觉到他严厉的管教，而不是关心爱护。

潜意识和意识是在两条路上跑着的车，它们有时同向，有时反向。同向时，内心协调，冲突较小；一旦它们处于反向、相互远离的状态时，我们的心理就容易失衡。有时，看似是意识在支配着我们的行为，但实际上，是潜意识在背后导演大多数的场景。有些孩子每到考试前，不是感冒、发烧就是拉肚子，虽然很想考出一个好成绩，但对"考砸"的担忧和恐惧深埋在潜意识里。在意识和潜意识的对抗中，身体服从了潜意识，为了逃脱"超我"的谴责，身体开始出现状况，这也让顺应主人"不想考试"想法的"本我"以及和事佬"自我"找到了逃避的借口。

时刻需要被父亲呵护和照顾的潜意识不停地影响着肖雷的意识，即便他想要更独立自主，也仍然摆脱不了父亲对他的控制；即便他想反抗和摆脱，也没有勇气真正与父亲发生冲突。所以，他才会找到能够帮助自己反抗父亲压迫的前妻。同样，在父亲的内心深处，也有着对家庭、对子女无微不至照顾的潜意识。所以父亲一辈子都在担心着他和姐姐，肖雷人生轨迹中的每个阶段，几乎都有父亲操劳的身影。帮他找工作，给他买好房子，为他找老婆，帮助他照顾孩子，即便如今他已经三十七

岁，父亲仍然不停地为他操着心。

此时，肖雷突然明白，原来从小到大，父亲的严苛要求不是因为不喜欢他，而是在给他最无私的爱。父亲知道他们母子渴望得到他的保护和照顾，所以才想要保护好孩子，什么都帮他包办，尽自己最大的力量让他过得好。肖雷说："原来他知道我多么渴望父爱，才会对我有这么多的关注，实际上这都是对我的爱啊。"

也正是在这个时候，我才能够帮助他实现与父亲的和解。我先让他想象爸爸妈妈在眼前，让他和儿子与父母拥抱，感谢妈妈在那么艰辛的情况下将他带到人世，感谢爸爸对自己一如既往的关心和照顾，也希望爸爸妈妈能够对自己充满信心，让妈妈释怀以前的担心和恐惧，自己会试着去化解与爸爸之间的痛苦，减少与爸爸的冲突。最后，一家人在山水间散步、表达想法和相互和解。

要知道，我们的潜意识往往会先于意识接收到来自他人的暗示或期待，下意识地以此作为依据，来约束行为或评判自我。我们的心理防御机制有很多种，有些容易分辨，即使当时没有意识到，事后分析也不难理解，比如"压抑"和"否认"；有些则十分隐蔽，很有欺骗性，比如"反向形成"。它是把自己不能接受的欲望和冲动，压抑到潜意识深处，通过完全相反的态度或行为表现出来。简单地说，就是心口不一，内心想的和做的恰好相反。

"反向形成"的当事人往往很难自知：说谎的人会理直气壮；胆怯的人会口出豪言；渴望放纵的人恰恰满口仁义道德；图谋名利的人偏偏一副淡泊模样，以上种种其实都是不假思索的行为。当事人越害怕"本我"那强大的欲望，就越想压抑内心澎湃的情绪，掩饰和压抑无法停止心里的内耗，觉察后的释放才是解决之道。

在这个案例中，肖雷的父亲对孩子的责备、粗暴和打骂，实际上都是在掩饰自己对儿子的爱。这份爱有潜意识中的那份承诺和责任，也有来自父亲最真实的爱护。但同时，他又担心这种爱会导致自己与儿子之间边界的丧失，所以常常用命令和愤怒来保持跟孩子的距离。也正是这样，才让肖雷与父亲之间充满了隔阂，误解了很多年。

之前在肖雷的眼中，父亲是一个过分严厉和苛刻的"魔鬼"，他让肖雷幼小的心灵遭受很大的创伤，让他的内心始终存在着价值感不足的感受，形成了胆小、懦弱，甚至遇事逃避、自卑等性格。从小到大，他一直在寻找着他人的帮助，从未想过依靠自己的力量改变人生，找寻真正的自我。而如今，肖雷理解了父亲的苦心，完成了与父母之间的和解，也将启程去实现自我成长和疗愈。

后　记

再次与肖雷相聚，是在一次新异心理的团队活动中。咨询结束后，肖雷为自己重新制订了很多目标和计划，经过反复斟酌，最终他还是决定放弃银行一成不变的工作，来到新异心理深入学习。他很认真地学习咨询体系下的所有课程，并很顺利地通过考核，成为了新异心理的一名员工，也是一名优秀的咨询师。

与此同时，肖雷有着非常细腻的情感和缜密的思维，在学习的过程中，他渐渐对"易经应用心理学"产生了浓厚的兴趣，并对此进行潜心研究，成果也相当不错。如今，他已经成为我们咨询师团队里，在这个领域技术掌握得最好，使用得最娴熟的咨询师之一了。

更值得一提的是，在新异心理的这几年，肖雷的进步和蜕变肉眼可

见。他不仅找到了热爱的事业，还找到了自己人生的幸福。在这里，他遇到了自己的第二任妻子，也是我们一位优秀的咨询师，开启了第二段婚姻。结婚后的两个人相互理解、彼此陪伴、共同担当，生活得幸福甜蜜。也正是这第二段婚姻，让肖雷真正明白了什么才是和谐美好的家庭生活。

前年七月，肖雷的儿子考取了某航空航天大学空乘专业，拿到录取通知书的孩子第一时间向爸爸申请，在暑期来我们公司进行实习，我们非常高兴地迎接了这个高高帅帅的阳光男孩。实习结束前，正好赶上孩子十八岁的生日，我们为他举办了一场热闹的成人礼。在生日宴上，小伙子激动地说："我很感谢叔叔阿姨们让我在这一个月里体会到如此有意义、有价值的工作。希望所有的叔叔阿姨们事业有成，祝我们公司发展万事顺遂！"这一刻，我的眼睛湿润了，而肖雷两口子早已热泪盈眶。

肖雷说，自从来到新异心理，他的生命如同开启了加速键，幸福的事情总在源源不断地涌来。如今，他的儿子已健康地长成，也学业有成。自己无论事业还是家庭都顺利美满。父母亲对他如今的婚姻和状态也非常认可，父亲甚至将家里的现金和房子都安排妥当，给他和姐姐进行了合理分配，从此便打算和母亲享受晚年生活。而姐姐和姐夫也在他的带领下来到新异心理的课堂，并表示想提早退休，到这边来当义工。

学会认知焦虑，正确看待焦虑这件事，会让人们更通透地了解世间万物，明白内心的需求所在。孟子曾告诫世人"生于忧患，死于安乐"。焦虑，对于人们来说不只是伤害和烦恼，它同样也会对人们起到帮助和促进的作用。如果人们把焦虑看作是一种动力，焦虑就有了正面的意义。比如一个人从不在意自己的身体，后来他目睹了亲友生病身故，引发了他很强烈的躯体性焦虑，而这种焦虑慢慢地促使他开始戒烟戒酒，锻炼身体，重视自己的身体和生活质量，这就是焦虑所带给人们的一个正向事件。

肖雷从最初的被管控、被离婚，再到后来工作繁琐，被育儿困惑所扰，当所有的问题接踵而来，导致他生活混乱、身体异样、无助焦虑时，他尝试着去寻求帮助，去学习、去成长。他在一次又一次的自我疗愈中，实现了人生的转变，他个人的成长也引领了一个家族的蜕变，这是我从未想到的，最美好的结局。

厘清他人的期待和自我的需求，分辨出生活中真正积极和消极的部分，开启全新生活的篇章，这正是我们自我修行的一部分。如果我们试着掀开焦虑的面纱，就会发现其实焦虑并不可怕。有时，它是人们面对梦想的盲目感，有时是对现实的无力感，但无论它是什么，其根源无非是人们渴望进步和成功的内心期盼。抓住这份期盼，找寻出这份无力感的根源，慢慢地自我完善并自我蜕变，成长也将在这漫漫旅途中得以实现。

第三节
自知者明

思曰容，言心之所虑，无不包也。

——《书·洪范》

为什么同样面临突如其来的刺激，有些人惊慌失措，有些人却能淡定自若？为什么面对同一件事情，有些人看到了焦虑的表象，有些人看到了内在的本质，而有些人却能看到新一轮的希望？每个人对事物的理解和认知，除了受到生长环境、文化背景等客观条件的影响外，往往还取决于其内心深处的感悟，惯性的思维方式，和成熟的自我意识。在心理学中，自我意识是人们对自我存在的一种认知，也是对自己的社会角色进行自我评判的一种方式。自我意识不是真实所见，却始终在帮助人们认识世界。

莎士比亚曾说"一千个人的眼中会有一千个哈姆雷特"。正因为每个人都是独立的个体，每个大脑的思维方式和逻辑模式都有所差异，才会让人们各不相同，才会让社会异彩纷呈。只不过，不善于自我剖析和自省的人，往往更容易在生活中随波逐流，更易变得惶恐和疲倦。那些在生命里大放异彩的人们，通常内心足够强大，具有高度自我认知，在觉知中感悟生命的价值，用最淡然和宽容的态度面对世间冷暖。

主动又自信的女儿

洛雯是个名副其实的美人，第一次见到她时，我就被她靓丽的外表惊艳到了。她的长相干净自然，身材高挑，红润饱满的脸上流露着利落、大方的气质。我记得那天我刚好站在公司门口，天气转凉，北风萧萧，洛雯穿着驼色的长款羊绒大衣，内搭一件浅棕色印花长裙，裙子上纵横交错的花纹，远远看去像一片片飞舞的树叶。

她优雅地走过来，礼貌地与我们问好。白皙的肤色，紧致的皮肤，让人无法想象她已经是三个孩子的妈妈了。她对我说："其实我没有觉得自己有什么问题，目前的生活还算可以，不过疫情期间因为时间变得充裕，我就拜读了李老师的书籍，看过之后突然有很多感悟。于是，就想来到咱们这里咨询一下，也想更好地了解一下自己。"

听了洛雯的话，我顿时对这个漂亮的女子萌生了一份好感，在这个物欲横流的社会，能够坚守内心的需求、不断认知自我的人，往往都有着强大的自省能力。但是能够看清自己本质需求的人并不多，大多数人都过着平庸且简单的生活，每天在固定的时间地点墨守成规地度日。他们很少有意识地问自己：我快乐吗？我为什么总是无法控制自己的情绪？我怎么总是被事情搞得焦头烂额？我如何才能成为自己最想成为的人？爱因斯坦曾说：人生只有两种生活方式，一种认为一切都是寻常，一种认为一切都是奇迹。当人们开始发现问题并渴望实现自我觉醒时，才是

真正实现奇迹人生的开端。

我很赞同洛雯这种不断探究自我的行为，更敬佩她敢于突破常态的勇气。咨询时，我先让她闭上眼睛，放空自己，感受到所有的皮肤和肌肉都放松下来，然后试着去想象当下最在意、最想解决的事情是什么。她顿了顿，对我说："我的二女儿跟我关系不好，跟她父亲的关系也不好。在孩子三岁的时候，我们就离婚了。"

洛雯正处于第二段婚姻中，一婚并不幸福，说起来前夫也算是个优秀的男人，曾经有一份还算不错的事业。那个时候，洛雯的事业也做得风生水起，她是一个很优秀的女性，有着非常棒的公关和营销能力。但是前夫的事业却始终没有更进一步，对生活品质要求越来越高的洛雯，开始对前夫感到不满意，每天都会无休止地对他进行指责和抱怨。那个时候，家里的火药味特别浓，她常常因为一点点事就勃然大怒，说出很多抱怨又伤人的话。

后来前夫的事业开始走下坡路，最后竟到了一蹶不振、无力挽回的地步。而此时的洛雯却发现自己怀孕了。当时，他们已经有了一个女儿，第二个孩子的到来，让本就负债累累的家庭变得更加沉重。为了生活，洛雯不敢休息，她常常忍着孕吐去见客户，为了一个项目加班到很晚。在人生的低谷时期，洛雯从未感受到丈夫的温存，她觉得自己的内心是冷冰冰的。

家庭生活的不如意，前夫事业的失败，自己又怀了孩子，所有的困难交错在一起，让洛雯感到很恐慌，也很压抑。她觉得自己为这个家付出了很多，为前夫承担了很多，却始终看不到未来的希望。后来，她的妈妈常常到家里来，指责女婿让自己的女儿受了苦，心疼女儿怀着孕还要操劳一家人的生计问题，并劝女儿把孩子打掉。母亲说："不要这孩子，你的生活还有出路，有了孩子，你以后的苦日子还能少吗?"

于是，在一天夜里，看着屋里刚刚与自己争执完、独自玩游戏的前夫，洛雯气到发抖，她冲着卧室声嘶力竭地喊道："要不这孩子就别要了! 不要了，打掉算了!"在此之前，洛雯的妈妈说过很多次这件事，前夫是坚决反对的，两个人还因此发生过激烈的争吵。其实，在洛雯的心里，也从未想过不要这个孩子，当时那样说也只是跟前夫怄气。

后来，二女儿出生了，从记事起，她的性格就非常敏感，脾气秉性也很古怪，常常因为一点小事就暴跳如雷。这个孩子不仅跟自己不亲，也特别不喜欢外婆。孩子很小的时候，洛雯由于工作忙，就拜托母亲来家里帮忙照看女儿。谁知外婆伸手要抱她时，她就会尖叫着大哭，不让外婆亲近，搞得外婆非常尴尬。

如今孩子大了，仍然很"难搞"。有时候带着二女儿跟朋友出去吃饭，她就会在旁边捣乱，大吵大闹，搞得洛雯很没面子，最后大家总会不欢而散。在家里，她也会感到现任丈夫与女儿们、尤其是二女儿相处得不自在。丈夫总是自己低着头看手机，很少与孩子们互动。二女儿调皮捣乱时，他也不会表现出不满的情绪，总是一副不关己，莫闲管的架势。洛雯常常担心，这样的二女儿，会不会让丈夫很不喜欢?

但在心底里，对于二女儿，她有着深深的自责。怀孕时自己的情绪不好，工作繁忙，与前夫总是争吵，甚至还说过不要这个孩子。孩子出生后，家庭矛盾更是越积越多，她对前夫充满抱怨，对自己的未来没有安全感。在这样的环境中长大的二女儿，几乎没有得到过太多的爱和呵护。看着孩子自我又暴躁的性格，洛雯有时候甚至会想，会不会是女儿得知了自己在怀孕的时候不想要她的想法，导致她非常不喜欢妈妈和外婆。

于是，我让她试着通过潜意识对话的方式，将自己的真实想法讲给二女儿听。引导她跟二女儿道歉，并说明事实。

我：把妈妈跟爸爸发生的矛盾说给她听，对她说"当时妈妈跟爸爸发生矛盾，对你造成的伤害请你原谅"。

洛雯：当时妈妈跟爸爸发生矛盾，妈妈是故意说给爸爸听的，对你造成的伤害请你原谅。妈妈深深地希望你原谅我，妈妈是爱你的。（重复）

我：看看孩子有什么回应？

洛雯：她是一副得意的表情。

我：你想说什么？

洛雯：你知道妈妈是爱你的，妈妈和外婆都是爱你的，希望你能够原谅我们，好吗？

我：大声地说"妈妈是爱你的，你是安全的，妈妈永远都爱你"。

洛雯：妈妈是爱你的，你是安全的，妈妈永远都爱你。（重复）

我：很好，我们去抱抱她，跟她在一起，可以吗？

洛雯：可以，我现在就是在抱着她说。

我：我们看看她的回应？

洛雯：还是那种得意的表情，说我知道了，有那种小骄傲的感觉。

我：我们重复女儿这句话，"我知道了，我很骄傲"。

洛雯：我知道了，我很骄傲。（重复）

我：很好，大声一点，让她告诉外婆，告诉所有的家人。

洛雯：我妈妈是爱我的，我很骄傲。（重复）

我：你听到女儿这样说有什么感受？

洛雯：我觉得很感动。

我：告诉她，妈妈很感动。

洛雯：宝贝，妈妈很感动，你终于知道妈妈是爱你的。

我：很好，说出来，想哭就哭出来，告诉她，让她看到你哭，看到你感动。

说到这，洛雯的眼泪顺着脸颊止不住地往下流，我默默守护着，任由她一点点地释放自己的情绪。

咨询结束后，我向洛雯分享了一个调正家庭序位的简单的方法：回家的时候先拥抱丈夫，然后再按照从大到小的顺序依次拥抱孩子，有好吃的、好玩的也先给大姐，让大姐分享给弟弟妹妹。

洛雯当下就答应要回去实践，并找机会跟二女儿进行了谈话，针对那件事，她认真地向女儿说明了原因，并抱着她诚恳地道了歉。第二次来咨询时，她告诉我说："冯老师，你知道吗，她竟然第一次主动抱着我，哇哇大哭起来，她一定是内心里填满了委屈和恐慌，才会这样无助地大哭。"

洛雯与丈夫和孩子们实践拥抱和分享的第二天，她带着孩子们一起去逛花园，她推着婴儿车载着与现任丈夫生的三儿子，保姆拉着二女儿在旁边走。要是在平时，二女儿早就对三弟不客气了，打他、拽他，想尽一切办法欺负他。但是那天，二女儿特别乖，她跑到洛雯面前让她等等，然后在花坛边摘了几朵花，美滋滋地递到洛雯手里，说道："妈妈，送给你，我爱你！"

洛雯惊呆了，手里拿着花，一时间不知道如何是好，眼泪就这样"唰"地一下涌了出来。她说，二女儿的变化太大了，自己只是跟她道了

歉，把事实告诉她了，没想到她就一下子原谅了自己，还主动跟自己表达了爱意。当二女儿紧紧抱着洛雯时，她的心都被暖化了，而看到妈妈流泪，女儿也抬起手轻轻地为妈妈擦拭。

自此之后，洛雯与二女儿的关系慢慢修复。这期间，她还让女儿与外婆视频聊天，气氛非常融洽。看到女儿手舞足蹈地给外婆讲家里有趣的事情时，洛雯的眼眶红了又红。她反复地跟我讲："冯老师，这一切真的太神奇了，我的女儿快六岁了，马上就要上小学了，从小到大她从来没有如此主动又自信过，遇到您我很幸运，我真的是来对了地方。"

当多孩家庭面临孩子们为获得父母的关注而互不相让的问题时，说明我们必须给孩子建立起长幼次序的观念，其原理也简洁明了：首先，夫妻之间的尊重、包容、爱护会被孩子看在眼里，也会成为孩子将来亲密关系模式的模板；其次，要教会弟弟妹妹尊重哥哥姐姐，哥哥姐姐也要爱护弟弟妹妹。很多家庭之所以会出现夫妻矛盾或长幼争宠的问题，很大一部分原因来自序位，如眼里只有孩子而忽略另一半，或认为哥哥姐姐理所应当地担当和理解弟弟妹妹，把注意力全放在最小的孩子身上，这就导致了序位的倒错。

男人是不值得信任的

不过，虽然二女儿与洛雯之间的关系改善了，但父女关系仍然很紧张。洛雯说，自己的两个女儿对亲生父亲都没有太多的感情。因为自己的关系，前夫也很少有机会带她们出去玩。尤其是二女儿，她对父亲似乎充满了不信任和不认可。每次提到亲生父亲，她都表现得毫不在意、满脸无所谓的样子，有时甚至会有抵触和不满的情绪。

鉴于洛雯与前夫、以及现任丈夫之间的关系，可以看出洛雯在与男人相处的过程中存在着很多问题，她的很多行为并不成熟。而一个女性对亲密关系的理解，极大程度上会受到父亲的影响。所以，我决定暂缓二女儿与亲生父亲之间的问题，先去探寻一下洛雯的成长经历，以及她与父亲的关系，从而进一步找到整个家庭问题的根源。

我引导她回忆自己的成长环境和小时候与爸爸之间的点滴过往。她沉默了很久很久，然后默默地指着自己的胸口说："每次想到爸爸，这里就很痛。"胸口那个位置，以前总像是被什么东西紧锁着，始终是打不开的，如今这么多年过去了，每每想起爸爸，洛雯还是会觉得那里很痛。

于是，我试着把底层的一些因素探究出来，让她去感受这份疼痛，去看看更早的时候，比如十几年前，或者在自己更小的时候，是否也有过类似的感受？她告诉我，小时候一直想有个家，想有一个强壮有力的依靠。

在洛雯的印象中，爸爸似乎什么事情都做不好，总是缩头缩脑，胆怯无助的样子，从小到大他好像什么事都在寻求帮助。印象最深的是在洛雯九岁的时候，曾祖母去世了，家里需要办丧事，可那时候家里很穷，没有足够的钱办丧事，爸爸显得很无奈，就找来洛雯商量，让洛雯想办法。

后来洛雯长大一些，为了读书方便，就寄住在姨妈家。那时父母的关系越来越差，有一次妈妈要跟爸爸离婚，无奈的爸爸就给她写信，希望她能够回去，处理父母之间的问题。爸爸在信中写道："你要赶回来，如果你十天之内不回来，我就去自杀，你就再也见不到我了。"

洛雯边哭边说："他真是个没用的男人，动不动就要找小孩子求救，动不动就要自杀，虽然他很善良，但为什么那么懦弱！"在洛雯的印象中，父亲常常默默地坐在门口，垂头丧气地叹息。

她说："我知道他很爱我，但我嫌他是一个没有本事的人，我内心里瞧不起他，我觉得他没用、胆小、怕事、又没担当。从小到大从没给过我一点点力量，他都是在靠我，靠我给他力量，我觉得这样是不对的，我不喜欢他这样。妈妈说要跟他分开，他就闹自杀，还喝了药，我觉得他很幼稚，很无能！我好累，好大压力！爸爸你能不能勇敢点，担起一个男人该负的责任！妈妈要跟你离婚，你可以去找妈妈好好聊一聊，而不是去找一个孩子帮忙，更不能用自杀去吓唬、逼迫孩子。"

她的哭声越来越大，肩膀不住地抖动，双手紧紧地攥着拳头，豆大的泪珠从脸颊上滚落。她记得自己焦急地赶回家时，爸爸妈妈正在激烈地吵架，妈妈执意要跟他分开，他就不依不饶地拿起农药要喝下去。

我让洛雯想象当时的情景就在眼前，让她去直面自己内心的情绪。

我：看到他准备拿药你想怎么做？

洛雯：我想把他的药扔了。

我：很好，我们走过去。把他的药扔了，骂他一顿。

洛雯：你神经病！（重复）

我：很好，说出来，想哭就哭，你是安全的。

洛雯：没用的东西！神经病！跟一个孩子说要自杀？这么没用！自己解决不了就放到我头上来！这是你们的事情，自己解决不了就自杀，没用的东西！太没用了，神经病！（重复）

我：很好，说出来。

洛雯：现在舒服了。

我：很好，在说的过程当中有什么画面？

洛雯：他也觉得他不应该那样子，他觉得他没有当真，我们反而当真了，他没有想到对我们伤害那么大，他可能只是想吓唬吓唬我们。

洛雯发现，原来自己对爸爸的失望感受，始终都隐藏在心底。也是因为父亲，她在潜意识里对男人有着深深的不信任感。这份感觉一部分来自父亲的懦弱，还有一部分来源于自己的母亲的影响。妈妈以前经常跟她说，你的爸爸有多糟糕，你的爸爸软弱无能，胆小怕事，动不动就哭泣，动不动就自杀，他没有能力撑起这个家。在洛雯的心里，男人是不值得信任的。

其实，她的前夫是非常优秀的，但是在她每天的喋喋不休之下，在一遍又一遍的指责和辱骂声中，前夫最终活成了他不想成为的样子。这种不信任的模式也复制到她现在的婚姻中。如今的丈夫是一位很厉害的企业家，但也正是因为丈夫的优秀，才让她常常感到没有安全感。她一直感到无助，心里很不安，如果不是为现任丈夫生了个儿子，她甚至觉得自己在家中的地位不稳。

这份安全感的缺失，是小时候就在她脑海中根深蒂固的，因为软弱的父亲自始至终都没有给过她安全感。而如今，洛雯似乎仍然在复制着母亲的教养方式，她总是习惯无休止地在女儿们面前说前夫的坏话。她常常忍不住讲前夫的不是，对女儿说："你爸爸没本事，又懒又没能力，他根本没有钱养你们，从小到大，都是靠我养你们。"久而久之，在女儿的内心深处，父亲这个词似乎变成了无能、无为、可有可无。尤其是二女儿，从一出生就没感受过爸爸的爱，每天在紧张的家庭氛围中生活，直到三岁父母离婚，她始终没有感受过家的温暖。所以她很自然地复制了洛雯对前夫的种种感受，对爸爸不信任，也不认可。

而当她生下儿子之后，也总怀着质疑和设限的心态，甚至时不时就会自问：儿子将来会成为一个什么样的男人呢？如果他像父亲和前夫一样无用怎么办？

到这里，洛雯才真正意识到，二女儿与前夫的紧张关系其实是自己一手造成的。于是，我开始让她先与自己的父亲和解，自己的问题解决了，才能更好地帮助女儿改善她们与其父亲的关系。

我：了解了爸爸的真实想法，你还有什么话想跟爸爸说？

洛雯：我想跟他说，你是一个好人，但没有做一个好男人，你没有担当，你一点承担精神都没有，你一点都不勇敢，你是个男人，你应该要勇敢，该承担的要承担，你不能往别人身上推，你不要动不动就哭，动不动就喝药，我觉得这样很没用，我很瞧不起你。

我：说给他听，我瞧不起你。

洛雯：我瞧不起你。

我：很好，说出来。

洛雯：我瞧不起你。（重复）

我：很好，看看他有什么回应？

洛雯：他有点不好意思。

我：你有什么话想跟他说？

洛雯：你什么都好，对妈妈也好，就是不勇敢，没担当，不敢去面对，动不动什么问题都找我们。我觉得我们压力好大，好累。

我：告诉他，我压力好大。

洛雯：我压力好大。

我：深呼吸，大声地说出来，告诉他，大声说给他听。

洛雯：我压力好大。（重复）

我：看看他听到没有，他有什么回应？

洛雯：听到了，他说他知道了。

我：你看到他的样子你什么感受？

洛雯：没什么，都过去了。（重复）

我：还有呢？

洛雯：你以后把妈妈照顾好，担起一个男人该负的责任，这样我的压力就小了，你们让我放心，我的压力也小很多。

我：看看他听到了没有。

洛雯：听到了。

我：他什么表情？他乐意吗？

洛雯：乐意。

对于那个懦弱的爸爸，洛雯最终选择了原谅。她明白爸爸对自己的爱，也看到了爸爸善良和真挚的一面。如今，她也看到了前夫曾经的用心，明白现任丈夫对这个家的付出和对孩子们的爱意。她开始试着改变对男人偏激的看法，释放了对父亲，对前夫，对现任丈夫的那些不信任、不耐烦的情绪。选择宽恕父亲，善待前夫，并好好地与现任丈夫共同经营这个家庭，好好地爱孩子们。她说，虽然自己事业成功，但在不断为事业付出的同时，也失去了第一次婚姻，如今看来，其中的得失，又有谁能说得清楚呢。

打败恐惧

之后，在一次潜意识情景对话中，我让洛雯想象自己是一只展翅高

飞的老鹰，越过高山，飞到草原。洛雯闭着眼睛，身体一点点地放松下来，脸上露出淡淡的微笑。她说，自己在天空飞翔，耳边有呼啸的风声，脚下有广阔的大地，这种感觉很奇妙。当我问她看到了些什么时，她告诉我，眼前的天空并不晴朗，好像布满乌云，到处都是灰蒙蒙的。她也没有飞在一片草原上，而是在一片金黄色的稻田上。金色的稻子随着微风轻轻地荡漾，她的心也觉得很平静，很舒服。随后，她看到了一条路，慢慢往前走，能看到路的尽头，似乎有一个黑乎乎的洞口。

我引导她走近洞口，她抱紧了自己的肩膀，告诉我，感觉很冷，很可怕。从漆黑的洞口往里看，洞穴深不见底，有点像隧道一样，望不到边际。洛雯说她很怕黑，小时候一个人在房间里常常很难入睡。那时候每到凌晨，父母都要去地里插秧，她就一个人躺在床上，脑子里开始胡思乱想地蹦出很多奇怪的东西。她总是觉得外面很黑，自己一个人在家非常害怕。每次天快黑的时候，洛雯也不敢一个人走在路上。当大风吹响旁边的树枝，狂吼的风声和摇曳的枝条常常让她感到恐惧，她会使劲跑起来，想赶紧跑回家。

我试着引导她回到那天晚上，自己一个人在外面，风很大，吹着树叶刷刷地响，天开始黑，看看她能看到什么画面。

她整个人变得很紧张，身体一下子蜷缩起来，她说："黑，我很怕黑！"洛雯从小就怕黑，自己的家和叔叔的家离得并不远，但只要天黑了，她从叔叔家往家走，两家门口都必须有人站着，看着她，她才敢走过去。很小的时候，洛雯总会去奶奶家玩，而奶奶和叔叔非常喜欢给她讲鬼故事。奶奶说，十二岁以下的小孩，在农历七月十二日那天从门缝里能够看到鬼和很多古怪的东西，于是到了那一天，大人们就会哄着洛雯去看门缝。洛雯怕极了，吓得哇哇大叫，直到很大了，她还是不敢去扒门缝，如今看到家里留着一点缝隙的门，门里面的房间漆黑一片，她总会害怕有鬼跑出来。

奶奶给她讲过很多吓人的故事，比如，她爸爸在小的时候，有一次走到一个坟边，整个人就转了向，怎么走也走不出来。当时他一个人跑出去玩，天见黑时不知怎么就走到了那里，然后就找不到回家的路了，走了很久很久，直到一个大人发现才把他带回来。还有曾祖母去世时，在她的周围出现了很多很多头像，他们眨巴着眼睛注视着大家。类似这样充满灵异感的故事，奶奶给洛雯讲过很多很多，每个故事都绘声绘色，活灵活现，洛雯分不清真假，她只是感到恐怖。

叔叔们更过分，他们常常在树林里逗她，偷偷地吓唬她。有一次，天色渐暗，本来心里就害怕的洛雯急匆匆地往家赶。经过竹林的时候，突然听到身边一阵沙沙的树叶响声，她甚至看到一百多米外有一个黑影在来回游荡。她吓坏了，一边屏住呼吸一边瞪大眼睛四处张望，心脏"咚咚咚"地乱跳，紧张得浑身汗毛都立了起来，脚下的步伐也越跑越快。就在她边回头边往前跑时，前方突然蹿出一个人来，洛雯"啊"地尖叫起来，却看到三叔正站在她面前笑得前俯后仰。

可能是那一次真的被吓到了，从那以后，无论去哪里，只要天黑，洛雯都需要有人陪着才敢出门。不管在哪里，只要剩下自己，她就总是害怕会突然蹿出一个人来。

鬼是这个世界上最虚无的传说。每个人在童年时，几乎都会有怕黑怕鬼的经历。比如不敢关灯，晚上不敢一个人上厕所，睡觉时总是害怕床底下蹿出一个怪兽，等等。严格来讲，孩子怕黑怕鬼，是儿童心理发展过程中的普遍存在的现象，而恐惧，也是人类自我保护的一种本能。原始社会，对于还没有学会取火照明的人类，漫长的黑夜是充满危险和

挑战的，而这种对黑夜的恐惧就保留在人类的集体潜意识中。所以，漆黑的环境往往会让小孩子感到害怕。

同时，心理学家皮亚杰曾在研究儿童思维过程中发现，儿童在心理发展的某些阶段，是存在泛灵论特点的。当儿童对主观世界和物质宇宙尚未有清晰认知，缺乏必要知识时，思维是具有泛灵论的。也就是说在孩子们眼中，一切事物都是有生命、有意义的活物。喜欢的玩具可以是他们最要好的伙伴，神奇的宝石可以帮助他们打败怪兽，他们对很多事物是缺乏认知和辨析能力的，也自然会对漆黑的夜晚，对未知的妖魔鬼怪产生恐惧心理。

可惜的是，很多人随着年龄的增长，慢慢忘记了小时候曾经怕黑怕鬼的自己，或有意或无意地将妖魔鬼怪的玄幻故事，煞有介事地讲给小孩子听。就像洛雯的奶奶和叔叔，他们其实很爱洛雯，喜欢陪着她玩，奶奶给她讲或真或假的鬼故事，叔叔常常拿鬼怪的事情来吓唬她，其实毫无恶意，但这些行为给幼年的洛雯带来了非常大的伤害。

如今，奶奶和三叔已经过世，于是我让洛雯想象他们在眼前，真诚地对他们说出自己的害怕，告诉他们这么多年自己的感受，并接受他们的道歉，与他们和解。

很多时候，潜意识深处隐藏着我们压抑在心底的情绪，它们或许来自童年的不幸经历，或许来自一次事故，又或者来自某些可怕的事情。这些情绪在平时的正常生活中，往往不曾出现。但每当遇到熟悉或类似的情景时，那份恐惧的感受就会重现，压得人们喘不过气。

就像洛雯，因为奶奶和叔叔的鬼故事，她非常害怕一个人睡觉。但是在她小时候爸爸妈妈非常忙，常常需要半夜外出干活。六七岁那年，有一次，她半夜醒来，发现父母已经外出，家里只剩下她一个人，她将屋里的灯打开，却看到窗外一片漆黑。就在那么一瞬间，洛雯感到一阵恐惧袭来，浑身像触电了一样打起了冷战。

在成长的过程中，怕黑和不敢一个人睡觉的问题始终困扰着洛雯。六年级之前，她都会跟爸爸妈妈一起睡，而且总是习惯地摸着妈妈的手才能入睡。妈妈不让她摸，并对她的害怕很不理解。就像很多大人一样，他们总会用成人固有的思维方式质疑孩子，妈妈不耐烦地反问她："有什么好怕的？"洛雯也说不清楚，但只要妈妈一关灯她就感到恐惧，然后就不停地起来上厕所，要求爸爸妈妈一遍又一遍地开灯。

直到小学快毕业时，妈妈觉得她这么大不应该再跟父母睡了，强行要求她自己去睡觉。于是，洛雯开始无休止地做梦。她有一次梦到一个人来到她的床边，黑蒙蒙的影子，一点一点地靠近，然后自己就被吓醒了。如今再想起这个梦，洛雯已经慢慢释怀，她明白那个人其实并没有想吓唬她，也没有想害她。而她内心深处始终渴望的，是能有一个陪伴自己的兄弟姐妹。十岁时，她曾跟妈妈提过，希望她能给自己生一个弟弟妹妹，但妈妈拒绝了，洛雯很失望。

她总能忆起小时候在幼儿园，瘦瘦小小的自己常常遭到年龄大的孩子欺负。洛雯总觉得，那些有兄弟姐妹的小朋友很少会被欺负，只有自己孤苦伶仃的，显得很无助。长大后，遇到任何事情时，她也只能靠自己，没有能够商量的人，更没有一起去面对困难的人。这也是结婚后她想多生几个孩子的原因，她觉得那样的话，孩子们成长就有伴了。

成年后的洛雯仍然不敢一个人睡觉，仍然对黑暗有着恐惧感。这份恐惧，有时甚至会让她变得过于敏感和神经质。有一次，他们刚刚搬了新家，晚上，她和两个女儿在客厅看电视，忽然听到楼道有叫喊声，好像是一个女人在训斥人的声音。母女三人觉得很奇怪，洛雯打开门，走

到楼梯间，却发现外面空无一人。此时的洛雯突然感到很害怕，她异常紧张的情绪让两个女儿有所察觉，但为了让女儿们宽心，洛雯撒谎说确实在楼梯间看到一个阿姨在骂她的孩子。这之后，洛雯越想越害怕，有好几天晚上，她都精神紧绷，总会留意听一听外面是否有奇怪的动静。

这一次，我希望洛雯能够勇敢地直视这件事，去直面内心的恐惧。我说，我们把真实的情况告诉女儿，跟她们说，我其实什么都没看到，楼梯间并没有人在。洛雯反复重复着"我什么都没看到"，然后我问她，说出来之后有什么感受？她说："心里好像没那么害怕了，女儿也没有特别的害怕，她们只是淡淡地答了一句'哦'，这件事似乎就过去了，一说出来，就没那么可怕了。"

有人说，恐惧是人类诞生以来就会自然伴随的一种情绪。当我们面对不可预知的情况时，当遇到无法战胜的困难时，就会本能地产生恐惧的心理。很多时候，令我们恐惧的并非外界事物，而是我们的内心。所以，打败那些虚无缥缈的恐惧感，需要我们学会的是打破未知的想象，直面自己的内心。

觉知是意识疗法里面最重要的一个方法，也是知行合一的阶段。它能够帮助人们建立新的思维模式，并创造出一个全新的"脑回路"。在此案例中，我在不断引导着洛雯探究自我的感受，从对二女儿的愧疚感，到对父亲、前夫和现任丈夫的不信任感，再到直视自己内心深层的恐惧感，我希望她能够在自我觉知的状态下，感悟全新的生命体验，觉知即新生！

好的自我疗愈，需要人们在内心找到一个空间，装下那个曾经"不够好的旧的自己"。接受它的存在，并试着不再消耗能量去抵抗、谴责甚至逃避，而是将曾经的自己重新定义，安放在最妥善的位置。人们如果能够有意识地通过自己潜意识层面，来不断地建立新的思维模式，进而通过自我认知和情绪操控，最终自然能够实现自我成长和心灵的疗愈。当人们开始认真考虑自己究竟是怎样的人，要如何在这样一个世界活着时，才是塑造全新自我的开始。

后 记

在很多人的眼中，洛雯就是那种妥妥的"白富美"，她有着靓丽的外表，优雅的气质，有着卓越的事业和殷实的家境，有一个般配的丈夫，还有三个可爱的孩子。

洛雯说，她在来做咨询之前，从未想过自己竟然有这么多的问题，但来了之后，却觉得自己再也"走不掉"了。每一次咨询，都让她看到了不同程度的自我蜕变。而令人欣慰的是，随着她内心的困惑一点点解开，除了生活，她的事业也越来越顺利，财富似乎与她越来越亲近。

她决定在自我成长方面好好地投资一下自己，随着她的投入，好运也开始源源不断地涌过来。首先，是丈夫帮忙打理的股票赚了钱，得到的数额几乎与课程的费用持平。洛雯打趣地说道："看看，这么快买课的这笔钱就又回到我手里了，看来买课这件事情做得非常正确！"

不多久，丈夫的生意随着经济回暖慢慢好转，甚至还送了一套房子给她，而且只写了她的名字。她非常开心，决定把自己的旧房以买入价十倍的价格出售，没想到很快就找到了买家。短短几个月的时间，她的资产增值了几倍，于是她决定把所有生意交给丈夫打理，自己则安心带娃以及跟随我们学习成长，通过一年多的努力，成为了咨询师团队的一员。

在这一年里，她窥视到自己内心最底层的恐惧，面对女儿、前夫、丈夫、父母，甚至是奶奶和叔叔，她都通过潜意识对话与他们进行了深度和解。在潜意识中，她哭过、骂过，道过歉，也接受过道歉，所有的负能量都得到了释放，没有太多的纠结在心里面，所以如今她感到一切都好，自己的整个生活和事业越来越顺利。

认识自己，本就不易，因为自我这种东西看不见又摸不着，人们往往通过行为和行为发生的场景来了解自己的态度、情感和内部状态。越来越多的学员通过我们的课程，完成了成长过程中最重要也最困难的一步，他们通过精准的自我觉知，实现了自我调节和人格发展，从而在群体中更加出众，也更加有力量面对突如其来的遭遇和挫折。

如果人生是一场旅行，每个人都是自己生命的主角，在这场关于自我修行的旅程中，那些看过无数风景却心无定所的人们，常常无法预测自己的终点会在何方。反观那些在爱中成长，不断滋养自己的内心，伤痛后仍然学会坚强的人们，往往会在阅尽千帆后，回过头思考人生的意义，并在蜕变中重生。